地下建筑热压通风的
多态性探究

THE STUDY OF MULTIPLE STEADY STATES OF BUOYANCY VENTILATION IN UNDERGROUND BUILDINGS

刘亚南　肖益民　著

中国建筑工业出版社

图书在版编目（CIP）数据

地下建筑热压通风的多态性探究 = THE STUDY OF MULTIPLE STEADY STATES OF BUOYANCY VENTILATION IN UNDERGROUND BUILDINGS / 刘亚南，肖益民著 . — 北京：中国建筑工业出版社，2022.4
ISBN 978-7-112-27218-1

Ⅰ.①地… Ⅱ.①刘… ②肖… Ⅲ.①地下建筑物—热压—通风设备 Ⅳ.① TU96

中国版本图书馆 CIP 数据核字（2022）第 041996 号

责任编辑：李成成
责任校对：芦欣甜

数字资源阅读方法：
本书提供以下图片的彩色版，读者可使用手机 / 平板电脑扫描右侧二维码后免费阅读。
操作说明：扫描授权进入“书刊详情”页面，在“应用资源”下点击任一图号（如图 1-2），进入“课件详情”页面，内有以下图片的图号。点击相应图号后，点击右上角红色“立即阅读”，即可阅读相应图片彩色版。
第 1 章：图 1-2，图 1-3。
第 2 章：图 2-2，图 2-6，图 2-8 ~ 图 2-11。
第 3 章：图 3-2，图 3-3 ~ 图 3-14，图 3-17 ~ 图 3-19。
第 4 章所有图片。
第 5 章所有图片。
若有问题，请联系客服电话：4008-188-688。

地下建筑热压通风的多态性探究
THE STUDY OF MULTIPLE STEADY STATES OF BUOYANCY VENTILATION IN UNDERGROUND BUILDINGS
刘亚南 肖益民 著
*
中国建筑工业出版社出版、发行（北京海淀三里河路 9 号）
各地新华书店、建筑书店经销
北京雅盈中佳图文设计公司制版
北京中科印刷有限公司印刷
*
开本：787 毫米 × 1092 毫米 1/16 印张：10 字数：218 千字
2022 年 4 月第一版 2022 年 4 月第一次印刷
定价：**49.00** 元（赠数字资源）
ISBN 978-7-112-27218-1
（38807）

前 言

由温差驱动的热压通风现象在地下建筑中广泛存在，研究发现，即使相同的边界条件及几何结构，热压分布也存在多种可能性。而不同的热压分布，将对应不同的地下建筑室内环境及自然通风量。因此，研究热压通风多态性的形成机理，建立热压分布多态性的理论模型，总结热压分布多态性的判定条件，对更好地指导地下建筑热压通风的设计，保证室内热环境的安全与舒适等具有重要意义。本书在国家自然科学基金面上项目“地下建筑自然通风的热压分布多态性问题”（51678088）的资助下对这一问题开展了研究。

热压分布的多态性，是一个自然通风的多解问题，属于自然通风研究的一个分支。通过文献调研发现，近年来，国内外学者对自然通风研究的关注度逐年提升。然而现有关于自然通风多解的研究主要针对风压与热压对抗作用下的单个区域的地上建筑。存在以下问题：①认识局限性，认为风热压对抗是自然通风多解存在的必要条件，实际上单独热压作用时也可以存在自然通风多解现象；②缺乏对地下建筑自然通风多解的研究，地下建筑与地上建筑存在较明显的差异，如多区域复杂几何结构、热压作为主要通风动力等；③缺乏热压通风多解形成过程的研究；④没有广泛适用性的热压通风多解稳定性及存在性判据，需借助 CFD 或理论分析方法对每一个具体案例进行单独分析。针对以上问题，本书对地下建筑通风的多解性进行了深入研究，探索地下建筑通风多解的机理并总结其多解的存在性和稳定性的判定条件，以期发展对自然通风多解问题的研究，以更好地指导地下工程热压通风的设计及运行。

本书对热压通风多态性研究所涉及的研究方法进行了总结和介绍，包括一维多区域网络模型法、CFD 模拟法、模型实验法及非线性动力学理论分析法。首先，对基于回路风量法的地下建筑通风网络模型 LOOPVENT 进行了总结和完善。该模型耦合了通风与传热模型，能够模拟具有复杂网格结构的地下建筑通风问题。以某地下水电站为例，利用 LOOPVENT 对地下建筑自然通风的热压多态分布进行了计算。然后，利用缩比模型实验法对热压通风多解性进行了实验研究，建立了典型的双开口地下水电站工程的 1 ∶ 20 的缩比模型。其次，介绍了如何使用二阶段 CFD 模拟法再现通风多态现象。最后，对基于非线性动力学的理论分析法进行了介绍，包括常微分方程组的线素场及相图的概念，以及非线性动力系统流体分支的分析求解和非线性动力系统的数值解法。

为了分析局部热源作用下地下建筑热压通风的多解的形成过程，本书采用了实验与 CFD

相结合的方法。首先，利用烟雾发生器对某双区域地下建筑的两种稳态热压通风进行了可视化。然后，测试了该模型的内部空气温度及速度，选取各测试截面的典型点的温度与不同湍流模型下的温度场进行了对比，最终选择了误差较小的 RNG k–ε 模型。在此基础上，应用二阶段 CFD 模拟法，通过改变热源强度、初始状态风速大小、局部热源位置等因素，对局部热源诱导的地下建筑热压通风的强度、局部热对流与整体通风关系、多态的形成过程、多态之间的相互转换条件等进行了研究。

为了获得热压通风解的稳定性和存在性的判据，应用非线性动力学理论，对典型双开口地下建筑进行了分析。分别对单热源、等热源比变竖井高度和变热源比等竖井高度三种典型的情形下，热压通风多态的存在性和稳定性进行了分析，并绘制了各自的流体分支图、线素图和相图。推导了基于热源比和高度比的双开口地下建筑热压通风多解存在性及稳定性判据。

本书基于新疆某水电站厂房的自然通风实测报告，进行了案例分析。通过对其夏季通风状态参数的动态测定，获得各围护结构的传热、厂房的散热量及系统的阻抗等参数，并建立了由非线性常微分方程组来描述的通风模型。然后，对该方程组解的稳定性及存在性进行了分析，并与双开口地下建筑多解判据进行了对比，验证了该判据的有效性和适应性，展示了如何使用该判据更好地去指导设计，诱导有利的热压通风状态。

限于作者水平有限，书中难免有疏漏和不妥之处，恳请业内专家和广大读者批评指正！

刘亚南
2021 年于重庆

目　录

第 1 章

地下建筑热压通风问题研究进展

1.1 地下建筑热压通风多态问题的工程背景

由温差驱动的自然通风在地下建筑中广泛存在。这些地下建筑包括地下变电站[1]、停车场[2]、地铁站[3, 4]、地下水电站[5]、矿井[6]等。为了节约土地和能源，充分利用地下空间并满足以上功能设施的生产生活需求[7]，这些地下建筑备受青睐。在图 1–1（a）中，相关现场实测表明自然通风可以有效满足矿井的作业要求，每年可以节省用电费用近 4 万元[8]。图 1–1（b）为某地下水电站的通风示意图，据报道该厂房在无风压作用下，排风竖井冬季通风量为 44000m³/h ~ 52000m³/h，而夏季排风效果与冬季相近[9]。因此，研究这些地下空间的热压通风问题具有重要工程应用价值和现实意义。

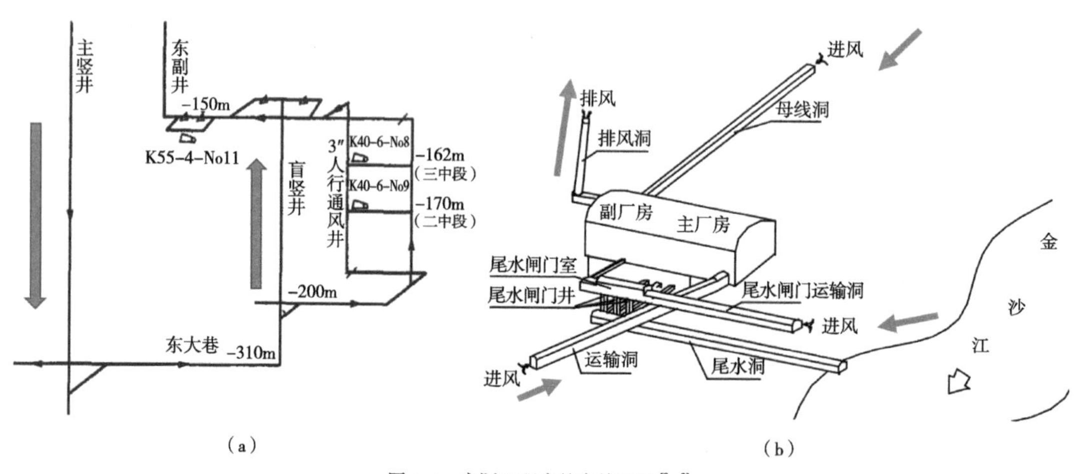

图 1–1 实际工程中的自然通风[8, 9]
（a）某矿井的自然通风；（b）某地下水电站自然通风

图 1–2（a）为某地下中微子实验室的通风示意图，地下实验室由于实验设备及实验流程将产生大量热量，设计自然通风流动状态为从斜井流入竖井流出。在施工过程中，却观测到了由竖井流入斜井流出的通风流动状态。图 1–2（b）为某地下水电站自然通风示意图，进口交通洞为平入式，随后为斜竖井与主厂房相通，排风竖井与出线竖井共用。主要热源为发电机组、变压器及附属设备的散热。该地下水电站厂房的热压通风，可出现如图 1–2 所示的两种通风流动状态。

图 1–3 为经过简化后的地下建筑模型。可以看出，地下大空间中有一个局部热源，由左右两个通道通向地面。尽管几何条件、热源条件及边界条件相同，该地下建筑仍可能出现如图 1–3 所示的两种流动状态。将该建筑模型分成左边竖井、底部建筑及右边竖井三个区域。在两种流动状态下，各区域的温度分布、热压分布和自然通风量将不同。该现象被称为热压分布的多态性，相关国内外文献也称其为自然通风的多解、自然通风的多态性或自然通风的多稳态现象。

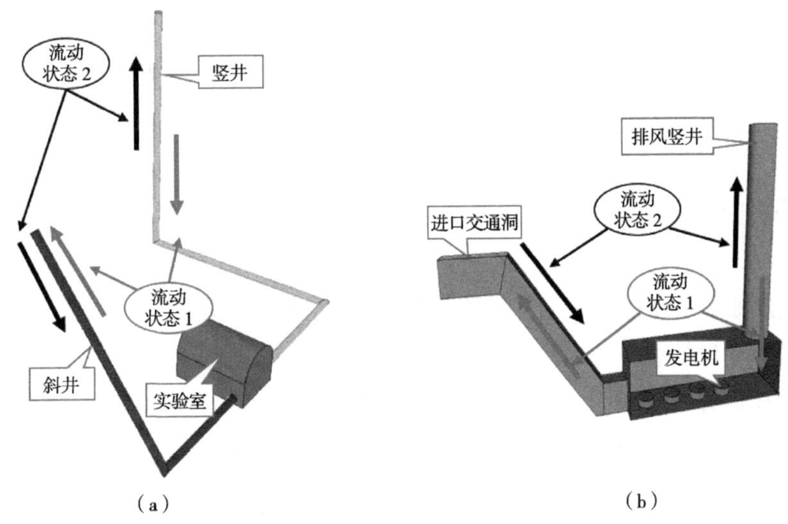

图 1-2 实际地下工程中可能出现的热压分布多态现象
(a)某地下实验室的热压通风；(b)某地下水电站热压通风

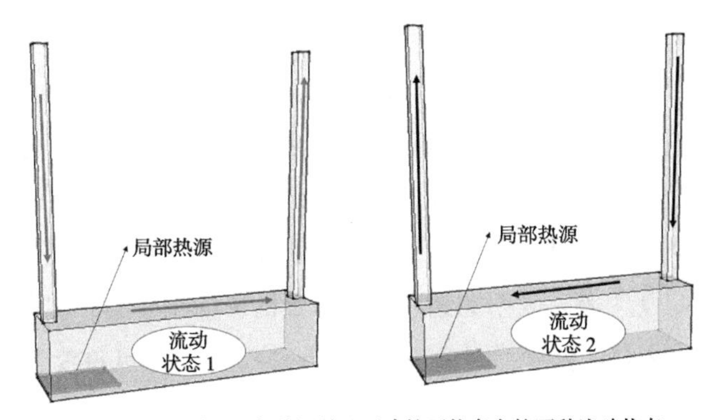

图 1-3 具有单个局部热源的地下建筑可能存在的两种流动状态

上面的这些例子说明，同一条件下，地下建筑中的热压、自然通风量和温度分布存在多种可能性。因此，需要解决以下几个问题：

（1）复杂的地下建筑网络中，热压（风量、温度）可能的分布状态有哪些？怎样预测出所有的可能状态？

（2）局部区域的空气热对流和地下空间网络的整体气流运动之间的关系是怎样的？

（3）某种具体的内部和外部条件下，实际将呈现哪种分布状态？为什么？怎样实现希望的最佳分布状态？

（4）各种分布状态的稳定性如何？

（5）影响通风的条件改变时，热压及流动分布状态怎样演化？

上述问题是地下建筑自然通风设计与调控的基本问题，对地下建筑的室内热环境与安全影响重大，应该引起足够的重视并开展深入的研究。通过对该热压多态性的研究，有利于了解该现象的发生机制，并对热压的多态性进行判定，为安全高效地利用地下建筑的热压通风提供理论依据，避免不利的通风状态，诱导有利的通风状态，节约能源，保持安全的室内热环境，并最终更好地指导建筑设计和利用地下空间[10]。

1.2 国内外研究现状综述

为了对热压通风的多态性有一个系统全面的认识。本书从国内外现有研究出发，分别对热压通风、自然通风的多解和通风模型进行了总结和梳理。热压即“由于温差（密度差）引起的室内外或管内外空气的压力差”[11]。由热压定义可知，当室外条件、几何条件及边界条件不变时，热压分布状态实质上描述的是室内的温度的空间分布状态。当自然通风具有多种热压分布状态，就有对应的多种温度分布状态和多种流场分布状态。本书研究的热压分布多态性，与国内外文献中所提到的自然通风多解、通风的多稳态性是相似的概念。

1.2.1 热压通风研究综述

热压通风是由于温度差造成的密度差从而引起的空气流动。早在 1954 年，Batchelor[12] 就研究了气流的浮力效应。热压形成的原因很多，可以是围护结构传热，也可以是内部热源引起的室内温度升高。其中研究比较多的有太阳能烟囱诱导热压通风[13，14]、双层玻璃幕墙加强自然通风[15–20]、室内热羽流形式、热压与风压联合作用或热压单独作用下的建筑内部的单侧通风[21]或双侧穿堂风[22，23]等。太阳能烟囱对通风量的影响主要集中在研究太阳能烟囱本身的一些性质的影响，如入口的位置[24]、入口尺寸[25]、特定地理维度位置下的烟囱的倾角[26–29]、表面材料性能[24，30]、高宽比[31–34]等。还有研究如何通过优化高宽比和倾角来避免太阳能烟囱内部产生局部回流，从而增大有效通风量[31]。另外，有学者通过开发算法，将太阳能烟囱的计算嵌入 Energyplus，从而更好地预测建筑能耗[32]。双层玻璃幕墙的自然通风研究，很多是集中在幕墙本身的一些性质对通风和降温的效果影响，这些幕墙的性质包括空腔的深度[35，36]、遮阳设施[37，38]、幕墙的外层玻璃的性质[39，40]、幕墙结构[41]及空腔的开口[42]等。

热羽流对室内空气流动和温度分层的影响很大[43]。羽流主要是由室内的各种热源造成的，如人体、设备和其他冷表面或热表面。羽流由对流产生，是由空气的温差造成的，热源周围的空气被热源加热造成浮升力卷吸。羽流最初的研究是在无几何边界的环境中进行的，Mundt[44] 分别提出了垂直表面、水平表面、线热源和点热源所形成羽流的体积流量计算公式。Linden 和 Cooper[45，46] 研究了两个或多个热源羽流相互干涉的影响。赵鸿佐[47]对室内空间内浮力羽流的热分层进行了梳理和研究，给出了室内热分层高度的经验公式。

还有大量的研究关注热压通风的通风量，该参数对于评价通风效果至关重要。Andersen 和 Karl[48] 对具有内部热源的单区域双开口建筑的自然通风风量计算进行了理论推导，得到在室内温度均匀假设情况下的总通风量计算公式。Hunt 和 Linden[49] 对在风压辅助作用下的热压通风的机理进行了研究，得出理论计算通风量的公式。Gan[50] 利用 CFD 模拟的方法，讨论了 CFD 模型尺寸的选择对房间热压通风量的预测准确性的影响。为了准确预测通风量，计算模型尺寸要求大于实际建筑物的尺寸。Warren[51] 基于对两栋建筑的实测，提出了针对单侧开口的热压通风经验公式。De Gids 和 Phaff [52] 基于对 33 栋建筑的实测，提出考虑了风压和热压的相互叠加作用下的单侧通风的风量计算的经验公式。从某种意义上讲，以上都是基于半经验和统计实测得出的计算公式，特别是在考虑风压的情况下，公式中并没有考虑不同朝向和开口位置对风压系数的影响。对于单侧通风，特别是当风压和热压同时作用时，通风存在随时间的脉动性，即可能上一时刻流入，而下一时刻流出的情况。同时，同一开口可能存在双向流动。该特征使得单侧通风的风量计算更加复杂。针对单侧通风的以上特点，Jiang[53] 提出在 CFD 模拟后，用积分法计算单侧通风的通风量，累加计算每个网格平均流速与网格面积的乘积，之后取总量的一半作为单侧通风的总风量。另外，Ai 和 Mak [54，55] 提出用 CFD 模拟示踪气体浓度下降法计算单侧通风量，以二氧化碳作为示踪气体，通过求解房间内部二氧化碳随时间的变化，求解通风量。还有一种比较特殊的状况为水平单侧热压通风，其有趣之处在于水平开口的上部空气密度大于下部。这将造成不稳定流动，相对较轻的下部流体将向上流动而相对较重的上部流体又会向下流动。Epstein [56] 讨论了热压通风通过水平小开口流动情况，并通过盐水实验得出不同的开口长宽比与无量纲流量之间的关系。Heisenberg 和 Li [57] 指出了单侧水平开口热压通风的不稳定性，并做了全尺寸实验，用示踪气体方法进行了瞬态测试，描绘了不同水平开口尺寸下热压通风量随时间的动态变化过程，对 Epstein [56] 的关系式进行了修正。关于通风量计算中存在的单侧通风脉动性和水平开口热压通风的不稳定性，主要描述的是通风随时间的不稳定性变化，与自然通风的多解具有明显差别。自然通风多解研究的是在相同条件下，自然通风存在多种稳定状态，每一种稳定状态具有其对应的热压分布、室内外温差分布和通风量分布。

1.2.2 自然通风多解的研究综述

表 1-1 对近年来通风多稳态（多解）研究进行了汇总。早于建筑内通风气流多解的研究，流体力学专家就对矩形空腔中气流分布的多解进行了研究。Albensoeder 等人 [58] 对二维的相互对立的立式滑盖驱动的封闭正方形空间中的流动多解进行了研究。该研究主要是针对封闭空间中，由于墙体移动所形成的内部空间流动的多态性。Erenburg 等人 [59] 对一个封闭二维矩形空腔在两边竖壁上有局部热源的情况进行了数值模拟分析，对不同高宽比的情形下自然对流的多稳态现象和流体分岔进行了研究。该研究侧重分析矩形空间内部的温度场分布，并不仅限于对建筑应用方面的研究。Gelfgat 等人 [60] 对一个封闭二维矩形空腔在横向壁面进行加热，在普朗特数 Pr=0 和 Pr=0.015 情况下，高宽比从 1 到 11 的变化范围内，对封闭空腔内空气对

流的多解进行了数值模拟和分析。以上研究都是针对二维封闭空腔内部气流分布的多解进行研究。而对于建筑自然通风的多解，主要是从整体的角度进行研究，假定区域内气流都是均匀混合并不考虑内部气流分布的细微差异。

自然通风多解（多态）的提出。自然通风多解研究的是在相同条件下，自然通风存在多种稳定状态，每一种稳定状态具有其对应的热压分布、室内外温差分布和通风量分布状态。Hunt 和 Linden[49] 首先提出了关于风压与热压共同作用下，自然通风可能存在相互加强和相互对抗的现象，主要是针对风压和热压相互加强的情况进行了研究。他们提出了一维数学模型，并利用小型缩比盐水模型实验进行了可视化和定量对比研究。该研究为夜间通风和气流泄漏后的通风计算提供了理论依据。而最早提出建筑通风排烟多解的是日本学者 Nitta[61–65]，他提出在防排烟设计中，同样的风机设置，特定的房间布局，可能存在多解的现象，并将这种现象称为“混沌”。Nitta 建议选择只能产生一种独特模式的排烟系统，以避免火灾情况下的危险。该研究指出通风多解对人员安全和建筑通风设计至关重要，但是并未从机理上对多解的产生进行阐述。

单区域双开口地上建筑在风压和热压共同作用下的多解研究。Andersen 等人 [66] 指出对单区域单热源地上建筑，风压和热压共同作用存在图 1–4 所示的三种情形：①风压辅助热压；②风压与热压对抗但是风压占主导；③风压与热压对抗但是热压占主导。针对风压和热压对抗的情况，进行了盐水实验，使用染色的方法对多解现象进行了观测，并利用 PIV 方法，对流量进行了测试。测试结果与相关理论分析法获得的结果进行了对比。Li 和 Delsante [67] 在此模型的基础上，建立了完整的一维数学模型，并考虑了围护结构传热的影响。Heiselberg 等人 [68] 在盐水实验的基础上，利用 CFD 模拟计算，详细分析了该模型下的多解现象。在此基础上，Li 等人 [69] 提出了斜隧道和双层地上建筑也存在多解问题，但仍主要是对单区域建筑在风压和热压对抗情形下的多解现象进行了详细研究。Lishman 和 Woods[70] 研究了风压变化对单区域建筑多解的影响。Wei 等人 [71] 发现，对于有两侧开口的建筑物的自然通风，很难得到分析解，而是存在多种解。Yuan 和 Glicksman[72–75] 研究了单区域建筑在风压和热压对抗情况下，初始条件的变化对多解的影响，以及扰量的大小和作用时间对各稳定状态之间的动态转换的影响。初始条件也可以称为历史条件，实际上是指在稳定状态形成前，历史条件对最终的稳定状态将产生影响。不同的历史条件可能形成不同的稳定状态。而扰量是指一个短暂的边界条件的变化，该边界条件作用一段时间后，再恢复原来的边界条件，但是这个过程将有可能使自然通风从一种稳定状态转换成另一种稳定状态。Gladstone 等人 [76] 对具有地板均匀热源的单区域房间进行了研究，分别讨论了屋顶均匀冷源、室外温度梯度和室外风压的影响。提出了一维模型并与实验进行了对比分析。Pulat 和 Ersan [77] 以 IEA Annex 20 的单区域两开口房间为例，研究发现不同的湍流参数设置对 CFD 模拟结果可能产生多解。该研究不是严格意义上的多解，可能存在湍流参数设置不合理，从而产生错误模拟结果的风险。

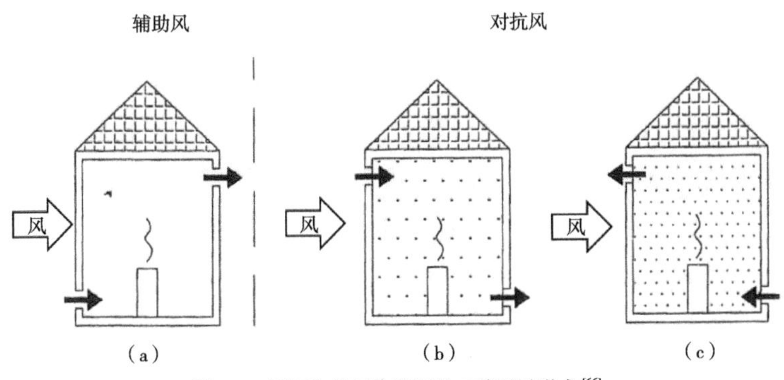

图 1-4 风压与热压作用下的三种通风形式 [66]

单区域多开口建筑的自然通风多解研究。Chenvidakarn 和 Durrani 等人分别从盐水实验、一维模型分析法 [78] 和 CFD 模拟 [79, 80] 的方法对一典型地上建筑的自然通风多解性进行了分析。该建筑为单区域三开口模型，其中顶部具有两个烟囱，底部有一个大门洞。这些研究主要对比了 CFD 中 LES 模型和 k–e 模型对自然通风多解预测的准确性；从平衡态角度建立了一维模型，并对多解进行了分析，但是并未对多解的动态稳定性进行深入分析。Chen 和 Li[81] 对单区域三层水平开口建筑的热压通风通过理论分析法进行了研究。研究人员指出，对于特定的几何结构，当初始条件不同时，即使相同的边界条件和几何设置，热分层可能高于中间层水平开口，也可能低于中间层开口，并总结了一些通风设计规律。

通风排烟的多解研究。Gong 和 Li [82–85] 研究了在火灾时具有室外风压作用的情况下，烟气扩散所表现出来的多解性。研究主要是通过小型模型实验及 CFD 模拟进行，涉及单区域单热源建筑，也包括两区域单热源建筑。研究中对热源的形式如点热源、线热源和面热源进行了对比研究，并对热源位置对多解的影响进行了研究。此外还对多解进行了可视化的实验研究。Yang[86] 对长直斜隧道内风压与烟气所形成的热压的相互对抗作用下的多解进行了分析，研究中所应用的一维模型方法与 Yuan 和 Glicksman[72–75] 类似，均是根据单区域建筑的瞬态能量平衡和压力平衡建立非线性微分方程，应用了盐水实验对两种稳态解的形成发展过程进行了全过程对比验证，但是该研究用于长直斜隧道的火灾情形，其几何形状和应用场景均与前述研究有明显差异。

双区域建筑的多解研究。Yang 等人 [87–89] 对典型的双区域四开口建筑进行了详细的理论分析。用理论分析和 CFD 模拟方法对流动多解及流体分支进行了研究。此处流体分支是指当改变一些控制参数后，自然通风解的数量或性质将发生变化。关于流体分支理论的进一步阐述，详见本书第 2 章非线性动力学法。Li 等人 [90] 研究了上下各一个热源的两层空间三开口的热压通风，研究中假定的上下空间高度相同，利用非线性常微分方程组建立了该通风现象的模型，分析了热源强度比对流体分支的影响。王晓冬和邓启红 [91] 将三开口增加到四开口，指出同一条件下可能存在四种通风模式，并建立了相对应的平衡方程组。通过求解，得出在不同热源比下所对应的通风量。该研究中的能量平衡和压力平衡方程均基于平衡状态得出，而并未对通风多解的动态特性进行分析。Yang 等人[92]对三开口隧道火灾情况下排烟进行了分析，得出可能具有六种平衡状态，然后利用稳定状态下的能量平衡和压力平衡建立平衡方程组，分别求解了各自的排烟量。并利用CFD对部分通风状态进行了模拟验证。该研究中的一维模型部分，并未考虑通风排烟的瞬态发展过程，也未对解的稳定性进行分析判定。

通过对以上自然通风多解研究相关文献分析可知，通风的多解、热压通风的多态性等都是研究通风系统的多稳态现象。正是因为通风系统存在多稳态现象，才表现出温度分布和通风量的多解。首先，对多解所涉及的现有研究方法有更进一步的认识。主要包括模型分析法、CFD 模拟法、烟气可视化、盐水实验及非线性动力学理论分析法等。然后，对初始条件的影响有更深刻认识。不同的初始条件可以导致不同的最终稳定状态。因此，自然通风最终所形成的稳定状态，将与其达到稳定状态之前的历史条件密切相关。从此角度可以看出，相关文献中，如果单从平衡状态建立守恒方程，而不进行动态分析是无法判定系统最终将趋向哪一种稳定状态。其次，对自然通风产生多解的机理有更深的认识。虽然现有文献中主要研究了风压和热压对抗条件下的自然通风的多解性，但是风压和热压的对抗并不是自然通风系统多解的必要条件。如本书 1.1 节中所提到的工程实例，在热压单独作用下，自然通风系统仍有可能存在多解现象。热压表征的是重力场中建筑内、外一定高度的空气的密度差所形成的压强差。室内热源加热形成的高温气流，在建筑内形成热压，推动气流运动，同时，气流运动将使各区域的温度分布发生变化，形成多种可能的热压分布状态。室内外温度分布差异所形成的热压既是由气流的运动所决定，又是气流运动的动力。因此，热压既是气流运动的原因，又是气流运动的结果参数。热压将与气流运动相互作用，热压并不是只存在单独的一种分布状态，而是可以随气流的运动产生漂移，形成不同的分布状态。热压分布与气流运动的这种互为因果的特性是自然通风多解形成的根本原因。最后，从非线性动力学角度对通风多解的存在性和稳定性有了进一步的理论认识。通风系统的多态实际上对应了根据瞬态守恒方程所建立的常微分方程组的多个平衡解。对热压通风多态的存在和稳定性的判定，将可以通过对常微分方程组的解的存在性和稳定性进行判定来实现。

虽然前文中综述了许多已有研究成果，但关于地下建筑热压通风的多解性的预测和分析仍存在不足。首先，现有研究多集中在双开口单区域建筑上，这与一般地下结构有所不同。一般情况下，地下建筑至少有两条隧道与室外环境相连。因此，如果忽略深埋厂房本身的热压的影响，地下结构至少可按两条隧道划分成两个区域。因为隧道的高度远大于地下室，热压主要产生在隧道内，所以厂房所形成的热压相对较小。其次，在以往的研究中，热压与风压之间的相互作用是导致地上建筑多解的主要原因。然而，对于地下建筑来说，它们并没有暴露在室外环境中，风压的影响并没有那么大。相比之下，室内空气与周围土壤之间的传热会影响隧道内的热压的形成。因此，地下的每个区域可能是热源也可能是热汇。地下建筑热压受到了地下土壤与隧道之间传热的影响。再加上设备、人体等室内环境释放的热量，地下建筑热压通风的多解主要是由于各区域内的热压对抗驱动的。再次，对于地上建筑，热压和风压的强度是其主要的控制参数，对多解的存在性与稳定性研究主要基于对热压和风压的对抗性研究。通过改变热压和风压的强度比，自然通风的解的存在性和稳定性将发生变化[90]。该研究对单区域地上建筑具有应用和参考价值。但如果需要应用于具有双区域的地下建筑，隧道的高度比将成为一个重要的控制参数。在本书中，需要同时考虑热源强度比和隧道高度比的影响。这将有利于深入了解地下建筑热压通风的多解性。最后，如前所述，为了研究热压多态性，在每次几何结构改变时，需重复利用 CFD 模拟或非线性动力学分析方法，对特定结构热压通风的多解性进行分析。这将消耗大量的计算资源和人力资源。因此，本书尝试推导出一个预测热压通风多解性的判据。该判据基于两个区域之间热源的强度比和两个区域的隧道高度比。一旦知道这两个参数，就可以确定对于一个具有两个隧道连接到室外环境的典型地下结构，是否存在热压通风的多解，解的数量及其各自的稳定性等（表 1–1）。

近年通风多稳态研究汇总　　表 1–1

研究者	时间	几何结构	动力	研究方法	研究成果
Gelfgat 等	1999 年	矩形空腔	横壁面加热	CFD 模拟	研究了长高比在 1~11 之间，普朗特数分别为 0 和 0.015 时空腔内气流分布解及其稳定性；针对长高比为 4 的情形，用数值解与实验进行了对比，表现出良好的一致性。该研究是流体力学机理性研究，并不是特定仅用于建筑通风，但是为建筑通风的研究提供了方法依据
Hunt 和 Linden	1999 年	两开口单区域建筑	风压辅助和加强热压	理论分析及缩比模型实验	建立了风压辅助热压作用下通风计算的理论模型，并利用缩比实验对模型准确性进行了验证，可有效应用于夜间自然通风和清除房间内污染物的通风计算。另外，该研究首次提出了风压与热压对抗的情形，为后续多解的研究提供了方向
Nitta	1999~2001 年	六区域房间	机械风机加热压	多区域网络模型	研究了多个房间共用一个排烟风机的吊顶排烟系统，在一定的热源位置及热源强度下，可能出现通风模式的多样性。通过多区域网络模型的方法，求解了多房间排烟时，同一热源强度下，各房间的排风量存在多样性。Nitta 称该多样性为混沌现象，并没有从机理上解释其形成过程，但是指出应通过合理的设计避免不必要的通风多态性，以免在火灾中由于排烟系统的通风多态性，使系统达不到预期设计效果，从而在火灾时给人员造成不必要的安全风险
Andersen 等	2000 年	单区域双开口建筑	风压与热压对抗	盐水实验	通过盐水缩比实验的方法确认了单区域双开口建筑，在风压和热压对抗的情况下，具有两种通风状态。该实验结果与理论分析值具有良好的吻合度。通风的最终稳定状态与其历史通风情况有关。由于多解的存在，在设计与控制通风系统时必须考虑该因素，从而达到预期设计效果
Albensoeder 等	2001 年	矩形空腔	壁面移动	CFD 模拟	通过数值模拟的方式求解了滑壁移动形成的 2D 矩形空腔内流动问题；流动的多稳态性与空腔的高宽比和两边竖直滑壁的雷诺数有关；分析了解的存在范围及流体分支点的位置；当竖直墙壁以相同方向移动，有多达五种稳定状态

续表

研究者	时间	几何结构	动力	研究方法	研究成果
Gladstone 和 Woods	2001 年	单区域双开口建筑	底部分散热源及顶部冷源；风压	理论分析与盐水实验	通过理论分析模型及盐水实验分析了与外部低温无限大空间相连的具有底部分散热源的单区域双开口建筑的置换通风。研究发现与集中点热源相比，分散热源具有较低的室内温度且相对较大的置换通风量。根据房间热平衡即房间进出口对流带入的冷量与房间底部热源散发的热量平衡，建立一维分析模型；通过考虑顶部冷源作用及外部风压的作用，对模型进行了泛化。对于外部具有风压作用的案例，通过模型计算得出，根据风压与热压的相对强弱，存在不同的通风状态，并且在一定的范围内存在多解的情况
Li 和 Delsante	2001 年	单区域双开口建筑	风压与热压	理论分析	在不考虑内部蓄热的情况下，通过理论分析法求解了单区域双开口建筑在风压热压共同作用下的温度和流量；综合考虑了风压、内部热源和围护结构传热的影响，指出存在两种通风状态即风压辅助热压和风压与热压对抗；在风压与热压对抗的情况下，风量是热压的函数，但是存在多解的情形；通过动力学分析，对多解的特点进行了研究
Li 等	2001 年	单区域双开口房间，两端口直通道；两区域两外开口建筑	风压和热压	理论分析、数值求解和盐水实验	分别对单区域双开口房间、两端口长直通道和两区域两外开口建筑的自然通风多解进行了分析建模；在风压与热压对抗的特定条件下，三种几何结构均存在流量的多解；通过缩比盐水实验对单区域双开口房间的多解现象进行了验证，验证了理论分析的正确性
Chen 和 Li	2002 年	单区域三开口建筑	热压	理论分析	通过理论分析求解了单区域三开口建筑的热压通风的风量和分层高度。该模型中的三个开口分别位于不同的高度。该热压主导的置换通风共有三种情况：中部开口低于热分层平面、中部开口位置高于热分层高度但具有流体流入、中部开口位置高于热分层平面但具有流体流出。研究发现，当几何形状（开口的尺寸和高度等）在一定范围内，热压通风同时存在中部开口高于和低于热分层平面的情况，而具体是哪一种情况，将由初始条件决定
HeiSelberg 等	2004 年	单区域双开口建筑	热压和风压对抗	理论分析、CFD、盐水实验	在风压和热压对抗的情况下，当热压起主导作用时，室内将产生热分层，而当风压起主导作用时，室内将形成完全混合状态。三种研究方法均证实了多解的存在，并且只要扰量的大小和作用时间合适，可以从一种稳定状态转换到另一种状态；不同初始状态将形成不同的稳定解，提出当用 CFD 模拟时需要注意初始状态的选取
Chenvidya-karn 和 Woods	2005 年	单区域三开口建筑	热压	理论分析和盐水实验	盐水实验定性得出具有底部热源的底部开口、顶部两烟囱的某单区域建筑可能存在三种置换通风形式：①冷空气从底部开口和较低的烟囱进入，从较高烟囱流出；②冷空气从底部进入，从两顶部烟囱流出；③冷空气从顶部较高烟囱和底部开口流入，加热后空气从顶部较短烟囱流出。利用理论分析法，建立模型对三种通风状态进行了分析，得出了各个解存在性的判定条件，主要是开口尺寸与开口高度的关系式。该研究也发现不同的历史流动状态和房间几何形状对流体最终趋向哪一种状态具有影响；同时讨论了不同的流动状态下，空间的通风效果和人体热舒适性

续表

研究者	时间	几何结构	动力	研究方法	研究成果
Yuan 和 Glicksman	2005 年 2007 年 2008 年	单区域双开口建筑	风压和热压	理论分析法	对多解形成的条件进行了理论推导，建立了单区域双开口建筑风热压对抗情况下的瞬态模型。与之前都是基于平衡态列守恒方程不同，该方法建立的是动态系统分析模型；通过函数图形更形象地表述了初始条件到最终状态的发展过程，能更直观了解何种初始条件将达到何种最终状态。讨论了扰量对平衡状态之间的转换的影响，不同的扰量大小和作用时间将对平衡状态产生影响，使得室内温度发生变化，当这种作用消失后，新的室内温度将作为历史条件，根据该温度可以判定将趋向于何种新的平衡状态
Li 和 Xu	2006 年	上下相连两区域三开口	热压	理论分析、CFD、盐水实验	对具有两外部开口，中间有一连接口，上部区域冷源下部区域热源，双区域建筑热压通风的多稳态现象进行了研究。研究发现对于一定的热源强度比，系统具有两个稳定解，而其他热源比具有单个稳定解，并通过理论分析证明了在一定的热源比下，将发生 Holf 分支现象；通过盐水实验和 CFD 证明了两个稳定解的存在
Yang 等	2006 年	水平相连两区域四开口建筑	热压	理论分析法、CFD	对具有单个热源、双区域、四开口建筑的热压通风多解进行了非线性动态分析，并用多区域模型通过不同的初始条件设置，获得了与理论分析相近的数值解；针对两区域之间的高度比对系统的解的稳定性和存在性进行了分析，得出了流体分支的高度比；提出利用“双阶段 CFD 模拟法”来识别多解存在的区域，并利用 CFD 进行再现
王晓冬和邓启红	2007 年	上下相连双区域四开口建筑	热压	理论分析法	基于平衡状态对具有底部热源和顶部冷源，上部房间两室外开口，下部房间单个室外开口，两区域间单开口的建筑进行多稳态理论分析；通过平衡状态时的能量守恒和压力守恒建立了四组非线性平衡方程组，分别对应四种流动状态；讨论了不同热源比下所对应的流动状态下的存在性和所对应的流量解；指出当热源比在 1.294~3 时，将同时出现两种流动状态，但是并未对其各自的形成条件及转换和各自的稳定性进行进一步分析
Gong 和 Li	2008 年 2010 年	单区域双开口建筑	风压、热压（火源）	理论分析法、CFD	通风非线性动学方法分析了单区域风压热压对抗情形下，排烟的多解性；对于风压占主导时，烟气将充满整个区域不利于逃生，而当热压占主导时，会形成热分层，此时更有利于逃生；通过 CFD 分析了热源形状、位置及强度对排烟的多解性的影响：地面火源将产生最大的烟气流量，而角落火源相对烟气排放量较小
Ben 和 Andrew	2008 年	单区域双开口建筑	风压、热压（分散热源）	理论分析法	建立了该单区域双开口建筑在风热压对抗情况下的动态模型。指出存在风压主导稳定区域、风压主导不稳定区域和热压主导稳定区域；从风压转换到热压主导只需要风压低于某关键值，而在相同情形下，需要从热压主导转换成风压主导则需要快速和较大的风压增长，通过理论计算对所需的风压增长速度和大小进行了求解
Durrani 等	2013 年 2015 年	单区域三开口建筑	热压	CFD 模拟	该研究的建筑与 Chenvidyakarn 和 Woods 所研究的建筑相同，利用 CFD 对以上建筑的三种状态进行了模拟，比较了 LES 模型和 URANS 模型在预测该热压通风所表现出来的差异：URANS 模型在预测该案例时，温度准确率不如 LES 高，LES 对流动的细节预测更加准确

续表

研究者	时间	几何结构	动力	研究方法	研究成果
Gong 和 Li	2013 年	水平相连两区域四开口建筑	热压	理论分析	对 Yang 等人所提出的模型进行了进一步的理论分析，主要从相图和非线性动力学的角度，对该建筑的多稳态解的稳定性和动态变化特性进行了函数图像化的展示和理论性分析
Pulat 和 Ersan	2015 年	IEA Annex 20 标准房间	热压	CFD	通过对 IEA Annex 20 标准测试房间的 CFD 模拟，比较了不同湍流模型下（*k–e* 模型、RNG *k–e* 模型、标准 *k–w* 模型，剪切输运 *k–w* 模型）与实验测试值的对比，校正后的模型用于研究不同的入口湍流参数对多解的影响。当湍流强度较低时（*Tu*=0.01），length scale 对流体分布无影响；当湍流强度较大时（*Tu*=0.4），length scale 将影响流体分布；当 length scale 恒定较低或中等时，湍流强度从 0.01 增加到 0.4 将影响流体的分布情况
Yang 和 Liu	2017 年	三区域三开口隧道	热压和风压	理论分析、CFD	根据压力、热量和风量平衡条件，建立了稳定状态下的六种平衡模式下的平衡方程组，而相同的边界条件下，可能同时具有三种不同的流动模式。通过 CFD 对理论分析进行了对比验证。研究发现，隧道的倾斜角对流动的多解具有显著影响
Yang 等	2019 年	两端开口的长直斜隧道	热压和风机动力	盐水实验、理论分析、CFD	建立单区域隧道的动态系统模型，通过动态系统模型，分析了不同的风机动力下，平衡解的数量及稳定性；分析了长直斜隧道火灾时烟气流动的多解性，热源强度和风机动力大小直接决定是否存在多种流动状态，而热源的位置也对流动的多解具有重要的影响；理论分析解与缩比盐水实验结果进行了对比验证

1.2.3 通风模型概述

为了更好地研究自然通风的多解性，需要掌握研究气流流动的方法和工具。这些方法和工具对地上建筑设计、室内空气质量评估以及地下空间通风性能评估等工程应用意义重大[93–98]。为了满足不同的需求和现有硬件设施计算能力的限制，开发了许多不同适用范围的模型。为了帮助理解各种模型之间的差异，Wang[99] 和 Chen[100] 对各种模型进行了分类，例如，分析模型、经验公式模型、小型模型实验、全尺寸实验、多区域模型、区域模型和计算流体动力学（CFD）。不同的模型之间在计算复杂度和预测精度上各不相同。

从最简单的方法开始，分析法或经验模型法都是基于对流体动力学和传热学的理论方程的分析和简化而来的。在通风设计实践的早期阶段，分析模型和经验模型主要有助于快速评估通风性能。模型开发中固有的简化和近似使其应用范围具有一定局限性。大部分模型都是使用在相似或相近的几何结构下，以确保可接受的预测精度[100]，如预测具有两个开口的单个区域的自然通风量的模型[67]，描述封闭空间的流量、压差和有效泄漏面积之间的关系的模型[101]。除了分析法外，研究人员还根据实验数据建立了经验模型。与分析模型相似，经验模型也是基于对质量、能量和压力守恒方程求解得出，与分析法不同，经验模型很多时候参考和整合了实验数据及 CFD 模拟数据。通过这些数据得出一些参数或系数的取值。与分析模型相比，经验模型所做的假设和简化会更多，并且更多地结合了实验和模拟的统计数据。其中一个例子是美国国家职业安全卫生研究所（National Institute for Occupational Safety and Health，NIOSH）用基于 67 个空气传播传染病隔离室数据开发了描述流量、压差与渗透面积之间的经验模型[101]。该模型可以预测空气传播传染病隔离室的渗透面积。另外，实验模型也广泛应用于通风的研究当中。根据实验规模，这些实验模型可进一步分为缩比实验模型和全尺寸实验模型[100]。在大多数情况下，这两种不同尺度的实验可以提供可靠的通风性能评估结果。由于流体不是所有的特性都可以同时满足相似理论，使得小尺度实验模型难以完全推广到实际应用中。另外，全尺寸实验通常空间尺寸大且经济成本太高。因此，研究者一般都使用缩比模型实验来验证 CFD 仿真模型。

全尺寸和缩尺寸模型实验由于时间和经济成本，其应用受到很大的局限性。利用 CFD[102-105] 对自然对流换热进行研究，可以得到详细的温度和速度分布，近年来得到越来越广泛的应用。然而，计算流体力学模型的计算成本通常很高，尤其是在建筑物几何结构复杂的情况下。此外，在概念设计阶段不一定需要生成高分辨率的结果。因此，简化的理论模型更适合于早期建筑气流设计的指导。下面将对有代表性的通风模型进行回顾。Bruce[106，107] 阐述了中性面概念，并通过 Down 和 Foster 等[108，109] 对该理论进行了实验验证。Linden[110] 描述了房间中的垂直分层，并开发了一个数学模型；Li[111] 将内表面辐射添加到分层模型中。Oca[112] 研究了温室内由热压驱动的自然通风，开发了一个数学模型，并使用盐水小规模模型进行了实验验证。Fitzgerald 和 Woods[113] 研究了烟囱效应对单室自然通风的影响，并推导出了一种分析方法，其中他的区域模型（Zonal model）仅限于单个房间，而多区域网络模型（Multi-zone model）可以处理复杂的分区网络。在多区域网络模型中，每个房间都是一个节点，而假设空气完全混合均匀，这样就可以根据质量守恒和机械能守恒来求解控制方程，从而获得整个建筑的通风状态[114]。由此产生的软件（如 Comis 和 Contam）以这种方式求解控制方程[115-117]。Chen 和 Lee 等[118] 利用多区域网络模型研究了实验室通风，并演示了通风的优化。Tan 等[119，120] 开发了一个新的多区域网络模型程序 MMPN，还讨论了大空间的通风问题（如中庭）和大开口问题，指出将中庭分成至少两个较小的区域，可以得到更精确的结果。LI[121] 将传热模型与多区域模型耦合，然后将气流速度反馈给传热计算模型，通过反复来回的数据交换，直到温度和气流速度达到稳定的结果。此外，还实施了 CFD 交叉验证。Haghighat 和 Megri[122] 对 COMIS 和 CONTAM 进行了全面的验证，结果表明两者之间的一致性很好；Sohn 等人将 COMIS 与室内气溶胶动力学模型（MIAQ4）相结合，预测了三室房间的颗粒扩散。室内释放了 SF6 和环境烟草烟雾颗粒，并将浓度的测量结果与模型预测结果进行了比较[117]。另外，还有研究者开发了一种状态空间方法作为求解多区域中浓度的补充方法[123]。单个区域进行完全混合均匀的假设是有局限性的，对于具有局部强浮升力、污染物浓度梯度大或动量大的气流，该假设将产生误差。Schaelin[124]、Upham[125]、

Clarke[126] 和 Wang 等 [127] 指出了该空间气流均匀假设的局限性问题。Wang 和 Chen[127] 发现，对于无量纲温度梯度小于 0.03、区域内阿基米德数大于 400、射流动量在到达下游路径开口前已经耗散的空间，多区模型中的这些假设是可以接受的。为了解决上述问题并获得特定区域的详细气流和颗粒分布，几位研究人员将 CFD 与现有的多区域模型相结合 [119, 128-132]。Schaelin 等 [124] 在 1993 年首次提出了这种方法，而 Clarke 等人 [133] 和 Negrão[134] 发展了一种耦合模式，但他们的研究表明，不同的耦合方法产生的结果不同。Musser[135] 和 Yuan 等人 [136] 将 CFD 模拟与多区域模型相结合，并预设了速度作为已知量，从而避免边界处的流量冲突的问题。考虑到耦合程序的复杂性，需要先确定该数值解的存在性。Wang 和 Chen[129, 130] 证明了通过将污染物与 CFD 耦合来求解空气分布的方法是存在的，并且是独特的，同时进行了实验验证。Tan 等人 [119] 采用耦合方法对热压通风和风压通风进行了模拟，提出了压力耦合概念，将多区域模型与 CFD 域之间进行压力传递。该耦合模型根据气象数据和内部热负荷计算室内空气温度，并有一个基于网络的输入界面。Tan 将多元流体力学与 CFD 相结合，研究了风压和热压驱动下的自然通风问题。但该方法仅将多区域模拟的流动结果作为计算流体力学的边界条件。只有洋葱法 [137] 能够完全耦合热量和气流。

以上提到的多区域模型在建筑行业有着广泛的应用。多区域模型通过求解质量和能量方程来预测建筑物内的气流模式。这种模型忽略了空气的动量。此外，该模型假定空气在每个区域中充分混合，这样一个区域就可以由统一定义的物理参数（例如，整个区域的单个空气温度、压力和相对湿度）有效地表示。Feustel 等人 [138] 进行了一项调查，研究了 50 个多区域模型，其中包括 COMIS [139, 140]、CONTAM [141]、Airnet [142]、BREEZE [143]，另外国外比较著名的还有 NatVet [144]、PASSPORT Plus [145]、AIOLOS [146] 等，国内则有 DeST [147-149] 和 VENT [150] 软件，被广泛应用于地上建筑模拟。COMIS 是最早一批用于气流预测的多区域模型之一，该模型包括一个用于计算建筑物正面标准化风压系数的模块 [139, 140, 151]，这对于计算给定风速和风向下通过立面的瞬时气流至关重要。然而，上面的一些模型只支持传热和流动模型的有限耦合。在大部分情况下，节点温度是流量模拟的已知输入条件。该方法并未实现温度与流动的完全耦合。

根据 Axley [114] 的分类，有一个节点模型（Nodal Model）的替代方案，如上面提到的 CONTAM 和 CONTAM。Axley 介绍了一类多区域网络模型，并将其称为回路法模型（Looped Model），已用于分析液压网络 [152] 和矿井通风 [153-159]。例如，Fytas 等人 [153, 154] 介绍了一个集成的矿井通风设计软件，该软件可应用于通风网络分析，该软件主要用于风机系统的选型和设计。回路法的数学原理是基于图论，可以方便地识别复杂回路，进行网络拓扑分析。Jensen 等人 [160] 将一个热程序与基于回路法的现有多区域网络模型集成在一起，并对模拟结果进行了验证，以证明其预测复杂气流流动的能力。在建筑模拟研究领域中，大多数研究者似乎忽视了回路法 [114]。

在所有的流动模拟方法中，CFD 在地上建筑中的应用非常流行，但不太适合于具有复杂结构的地下建筑，因为模型的准备工作将耗费巨大精力。一方面，建立几何模型和定义适当边界条件较为困难，这通常会增加建模工作和计算时间；另一方面，模型的网格划分和收敛性也受到巨大的限制。因此，有必要建立一个合适的通风计算模型来处理复杂的地下结构，而不需要过大过多消耗计算资源。最直接有效的方法是使现有的网络模型适用于特定的地下结构。如果成功，与 CFD 方法相比，它将提供一种简单而直接的方法。显然，必须证明网络模型能够提供每个区域的通风量的数值解，并且保证这些值足以达到工程设计应用的精度。

许多学者开展了地下空间通风在地下水电站、矿井通风、地铁系统等各个领域的应用研究。例如，Li 等人[161]对某水电站交通洞的热压进行了现场实验研究，推导出了预测不同情况下热压计算的经验公式。此外，Li 等人[162]还研究了送风风速和散热率对水电站主厂房内空气分布的影响。试验结果对优化大型地下空间的气流组织设计有一定的参考价值，如对水电站尾水洞的热湿传递进行模拟。Yu 等人[163]建立了基于气流分析的准三维数学模型，并利用某水电站的现场试验数据对模型进行了验证。Liu 等人[164]针对溪洛渡水电站厂房通风问题，提出了基于 RNG 模型的数值模型。并利用现场数据验证了仿真的准确性。尽管有大量研究水电站通风的工作，但大部分研究仅限于对水电站单区域（如发电站、交通隧道和尾水洞）的研究。与矿井通风类似，具有单台或多台通风机作为动力的机械通风系统通常用于维持足够的换气次数[165]。为了模拟矿井通风状况，除了上述方法[153, 154]外，Szlązak 等人[166]建议使用由“节点”和“弧”组成的基于图论的通风网络来模拟矿井通风的空气分布。网络中的“弧”代表用基本流体动力学方程模拟的一维流动。尽管该模型具有模拟多区域的矿井通风应用的能力，但这些模型忽略了热压的作用，或将其设为定值，因为风机通常是在没有重要热排放源的情况下驱动气流运动的主要动力。此外，为了研究地铁空间的气流，研究人员开发了 SES（地铁环境模拟）软件来模拟流场和压力分布[167]。考虑到这些空间中移动列车活塞效应[168, 169]的独特性，软件专门设计了计算模块。

综上所述，尽管上述模型都可用于通风工程应用，但在预测地下结构中的气流方面仍然需进一步研究。地上建筑围护结构厚度有限，具有一定程度的渗透性。因为与周围的土壤和岩石直接接触，地下空间的围护结构可以被视为无限厚且无空气向外部渗透[170]，这将影响深埋空间与周围岩土的换热过程。如图 1–5 所示，深埋建筑周围的土壤与建筑之间存在一个吸放热的动态过程。地下结构对通风模型的特殊要求与其特殊的几何结构（许多大空间，空间之间复杂的连接关系）和许多局部散热源有关。传统节点法假定每个空间空气完全混合，每个空间的温度及压力完全相等，且只考虑空间进出口的流动阻力。但是这一假设不能反映气流的流动阻力以及气流与壁面传热沿隧道长度方向持续变化的特点。因此，长隧道内空气流动和传热过程更类似于沿长度方向温度逐渐变化的管道流，而不是完全混合的一个区域。如前所述，对于这些大型地下结构而言，利用 CFD 的计算量太大，且几何结构复杂，许多边界

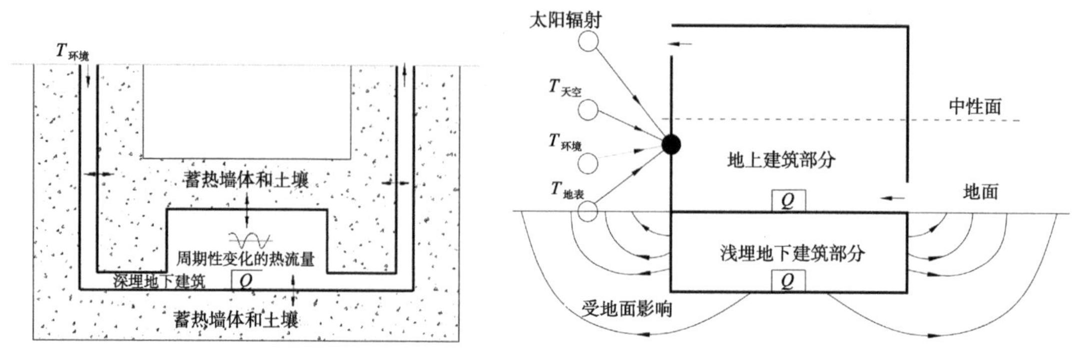

图 1–5 地上建筑与地下建筑的区别

条件将难以正确在建模中完全考虑。因此，目前还没有一个适用于大型复杂地下结构的多区域热压通风模拟的成熟模型。根据文献综述，所有现有模型都有其自身的局限性，仅具有特定的用途（例如水电站特定功能区的气流研究、矿井通风和地铁气流模拟）。因此，本书建议对每个回路单元使用具有连续温度分布的回路方法，并将其与围护结构传热计算的 Z 传递方法 [171] 耦合以模拟多区域的通风换热过程。如前所述，将流动模型与热模型完全耦合是本书优先考虑采用的方法。对于长隧道，该方法假设沿气流路径方向温度分段线性变化且能考虑隧道沿途流动阻力变化。如果被证明足够精确，所提出的方法可用于模拟复杂地下结构的多区域动态通风换热问题。

1.3 热压通风多态研究的内容及方案

本书内容：

（1）总结现有国内外相关研究，分析自然通风多解性形成条件。

对各种热压通风形式如太阳能诱导热压通风、双层玻璃幕墙、室内热羽流、单侧通风及双侧通风等文献进行了梳理。对各种热压通风的风量计算和测试方法进行了总结。对单区域双开口建筑、单区域多开口建筑、双区域建筑及建筑防排烟等的通风多解研究进行了系统全面的总结和分析。以此为基础，指出风压与热压对抗并非自然通风多解形成的必要条件，单独热压作用也能形成自然通风多解。通过对现有国内外通风多解的总结和分析，加深对通风多解形成原因的认识。

（2）对一维通风网络模型 LOOPVENT 的完善及利用 LOOPVENT 计算了多区域地下建筑的热压分布的多态性。

近年来，随着地下水电站、地铁站、地下停车场和实验室等地下建筑物的广泛应用，对地下建筑自然通风的研究变得越来越重要。自然通风作为一种被动技术，如果应用得当，将具有显著的节能效果。本书主要研究地下建筑，这些地下建筑深埋，通常由相互连接的空间组成复杂的网络拓扑结构。另一个特点是，这些建筑内部的设备与人员产生热量，导致内部空气温度升高。结合深埋地下的特点，内部空间的热量将通过竖井形成较大热压，使自然通风具有可行性。这些特性要求对地下建筑的传热特点、复杂网络的通风、传热与通风之间的耦合等有深入的理解。本书完善了一种一维多区域流动网络模型LOOPVENT,分别对流动模型、传热模型、流动与传热的耦合实现方式、程序框架、实验验证、大空间及大开口等特殊单元的划分等方面进行了详细阐述。该模型考虑了深埋地下建筑的传热特性，实现了流动和传热的耦合，在已知内部热源及室外气候条件的情况下，无须假定室内温度，可通过动态模拟的方式,求解地下空间的动态自然通风情况。对现场实测与模型的动态模拟结果进行了对比分析。通过比较，验证和说明了网络模型在自然通风研究中的应用潜力。最后，利用LOOPVENT，通过改变初始条件，对某地下空间热压通风的多解进行了模拟计算，得出多种热压分布状态。

（3）热压通风多解的形成过程及局部热源的影响研究。

地下建筑热压通风的研究对于室内热环境控制和消防排烟具有重要意义。一些地下空间具有独特的性质，例如地下水电站，其埋深较深，排热竖井近百米，增强了对热压通风充分利用的可能性。本书以典型双通道地下水电站为例，采用1 ： 20缩比模型，将热源集中简化为单热源，对几何结构也进行了简化，主要针对单入口和单出口的双开口地下建筑进行了分析。通过缩比空气实验和CFD数值模拟对该简化模型的热压通风的多态性进行了研究。研究发现，在热源强度和位置一定时，该几何结构可能形成两种稳定的热压通风状态，即两个开口都可能成为通风的入口也可能成为通风的出口，本书称其为热压通风的多态性。通过缩比实验对该现象进行了重现，并进行了温度和流速的动态测试。利用烟雾进行了气流运动的可视化。然后，利用CFD模拟研究了初始条件、热源强度和位置等多种因素对热压通风多态性的影响。特别对以上各因素对稳定状态形成过程的影响进行了比较分析。通过CFD模拟发现，气流的整体流动倾向于跟随局部热羽流的发展方向。当初始流速为零时，整体气流的方向将与局部热羽流的发展相一致，最终所形成的稳定流动的方向将与局部热羽流的方向相同。然而，初始速度可能会改变这一趋势，当初始流动的方向与该局部热羽流方向相反且达到一定强度时，可以使流动趋向于另一种稳定状态。因此，利用“二阶段CFD模拟法”详细研究了促使这些稳态过渡的临界初始速度。然而,该初始流动速度只对稳定状态的形成过程具有影响，一旦达到稳定状态，其通风流动的速度和温度分布将不再受初始流速的影响。

（4）地下建筑热压通风多解的存在性及稳定性研究。

本部分内容以两开口地下建筑为例，通过质量平衡、能量平衡和压力平衡、利用多区域网络模型的建模方法，建立相应的瞬态平衡方程。每个区域考虑成完全混合状态，建立以常微分方程组为基础的通风计算模型。通过与前述CFD模拟结果对比，验证了该模型的准确性。然后利用龙格－库塔数值方法对微分方程组进行求解，制作了相图、线素图和流体分支图等，并对不同初始条件（如初始温度）对多解的影响，以及不同参数（如竖井高度比、热源强度比）对流体分支现象的影响进行定量和定性分析。通过非线性动力学理论，对解的存在性和稳定性进行了分析。结果表明，对于典型双开口地下建筑的热压通风，其多态性与热源强度比和竖井高度比有关。本书通过理论推导建立了以热源比和高度比为基础的多解的存在性和稳定性判据。通过该判据，只要已知该双开口地下建筑的热源比和高度比，便可以对解的数量及其稳定性进行判定。

（5）典型地下建筑热压通风多解案例分析。

以新疆某水电站的热压通风为例，建立了其各种状态下以常微分非线性方程组为基础的通风模型，利用非线性动力学理论，对其各状态下解的存在性和稳定性进行了理论分析和相图及线素图的可视化。结果表明，该工程在夏季工况下，具有两种稳定状态。然后利用双开口地下建筑热压通风多解的判据对该工程通风多解状态进行了评价。该判定结果与非线性动力学的理论分析结果一致，证明了该判据的实用性和有效性。最后，展示了如何利用该判据通过改变高度比对通风状态进行优化。通过改变高度比，可以使地下建筑热压通风由具有两种稳定状态变成只有单个稳定通风状态。该案例分析表明，通风的多解判据对地下建筑热压通风的多解预测及通风状态的优化具有实际应用价值。

本书技术路线如图 1–6 所示。

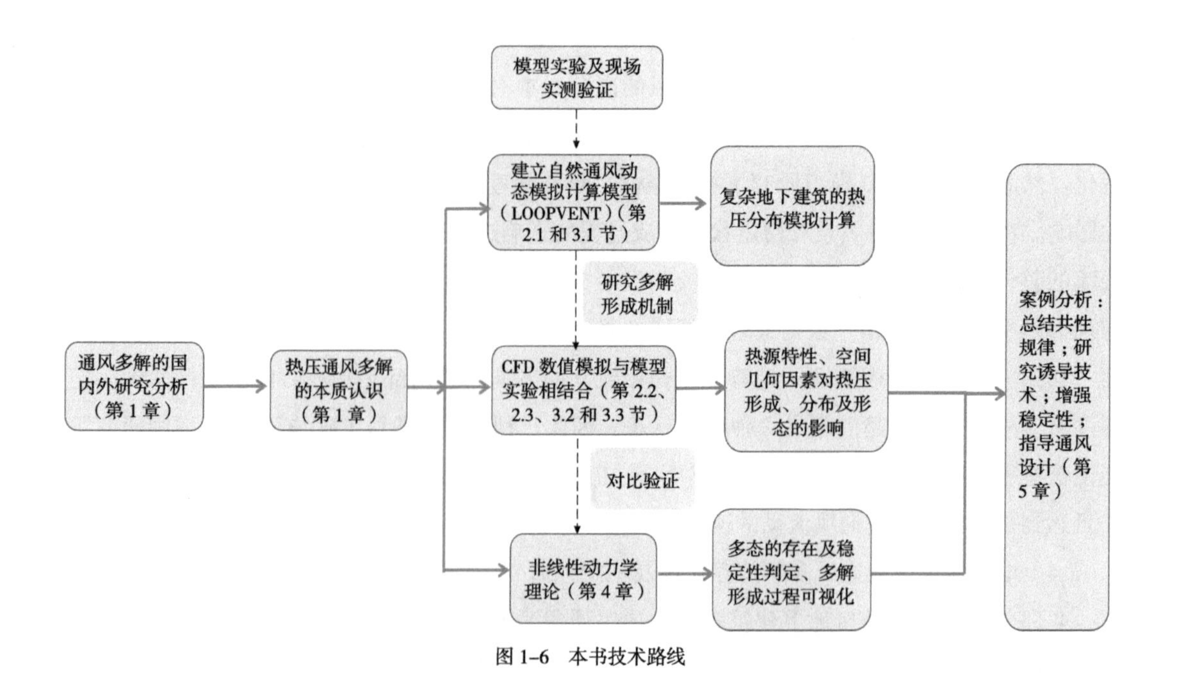

图 1–6 本书技术路线

第 2 章

地下建筑热压通风多态问题的研究方法

为了对地下建筑的热压通风多解性进行全面而系统的分析，本书采用了一维多区域网络模型法、数值方法（CFD）、模型实验法和理论分析法等进行研究。

如本书 1.3 节所述，常规一维多区域模型中，各空间中流体假定是均匀分布的，空间内各点的压力和温度相等。通过求解各空间的质量守恒、能量守恒和压力平衡关系式，可以获得各空间的温度、热压和流量分布。为了使此类模型更加适合地下空间，尤其是水电站等深埋地下建筑，本书对网络法中空间模型进行了完善，提出通过多段“线性温度分布模型”来描述长直隧道中温度沿长度方向的分布规律。相关分析和测试表明，该“线性温度分布模型”相对“完全均匀混合模型”，能更加准确地描述地下空间的温度分布，从而对热压的分布计算更加准确。以某地下水电站厂房内的通风为例，通过给定不同的初始值，利用牛顿法对所述守恒方程组进行计算，可以获得多种热压分布。但是，该方法仍具有其局限性：①无法获得某具体热压通风案例到底有多少种解，只能通过穷举法，利用不同的初始值对方程组求解；②无法求解某具体案例中，流动的发展过程，因为所有的守恒方程组都是基于平衡状态建立的；③无法判定解的稳定性，解的稳定性需要利用非线性动力学的理论进行具体分析；④无法证明多解在现实世界的真实存在性，这需要用实验的方法进行验证；⑤需要大量的计算，是否可以通过提取几个关键参数，总结出关键参数与多解之间的关系，形成多解的判据。然后，利用这些关键参数对相似地下建筑的热压通风的多解性进行判定。这需要利用非线性动力学理论进行推导和计算。

2.1　一维多区域网络模型法（LOOPVENT）

该模型是一个由节点和单元组成的基于回路平衡的网络模型。回路平衡的概念用于将物理模型转换为数学表达式。利用回路平衡的概念，用关联矩阵和独立回路矩阵表示回路网络的几何关系和拓扑关系。下面的理论部分介绍了如何使用回路法建立控制方程，解决气流与热耦合问题。

2.1.1　基于回路的网络模型法的概念介绍

1. 单元和节点的定义

地下建筑中的隧道和房间被划分为相互连接的单元。单元中同时考虑了传热和气流的压力/质量平衡。图 2–1 是一个单元的示意图。对该单元进行了一些基本假设：①与实际空间的体积相同；②一维流动（单元的质量流量恒定、压力变化与流动阻力平衡、热平衡）；③空气温度沿长度方向线性分布。

节点是单元的端点。对节点进行如下假设：①没有体积；②没有温度；③有一个压力值；④当多个气流聚集在一个节点时，考虑为完全混合状态，即混合后各参数均匀统一，且混合所需的时间为零。

2. 长隧道的划分方法

由于空气流动和围护结构表面之间的热交换，隧道内的温度和密度会沿途发生变化，当隧道较长时，变化会很大。随着空气与壁面温差的减小，沿气流方向的换热逐渐减小。这导致了隧道沿线气温的非线性变化。相关研究证明，温度分布是长度的指数函数[161, 172, 173]。为了简化计算，将一个长隧道分成几个相互连接的单元。假设每个小单元的温度为线性变化，以便在可接受的精度范围内计算传热量、空气温度和热压。

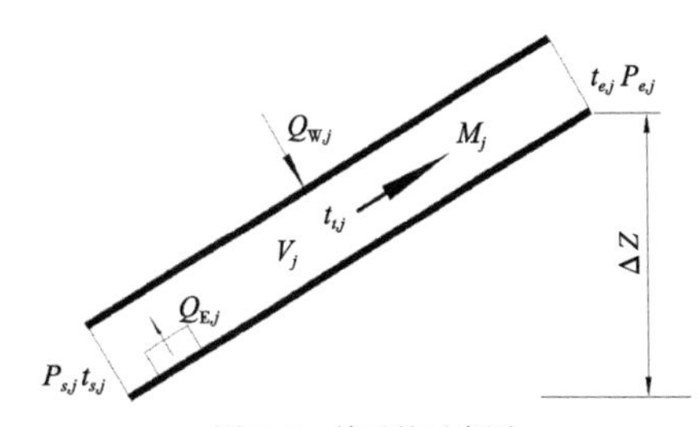

图 2–1　单元的示意图

注：P 表示压力 [Pa]，t 表示空气温度 [℃]，Q 表示传热量 [w]，V 表示单元 j 的体积 [m^3]，M_j 表示单元 j 的质量流量 [kg/s]，下标 s 表示单元 j 的起点，下标 e 表示单元 j 的终点，下标 W 表示壁面（Wall），下标 E 表示设备（Equipment）

3. 地下高大空间中单元的划分

深埋地下空间通常高大宽敞，以容纳不同类型的大型和重型设备。这些空间与其他长隧道和房间相连，因此具有多个进风口和出风口。因为一个单元只包含两个节点，所以只有具有两个开口的空间可以简化为一个单元。为了尽可能准确地反映空间内的空气温度分布，有时需要将空间划分为若干个单元。单元划分的原则是尽可能匹配一个空间内的实际传热、通风量和温度分布情况。本书 2.1.5 小节，将详细讨论不同的单元划分方法及其差异。

4. 室外空气的虚拟单元

几个与室外相通的隧道将有与室外空气相连的开口。由于位置和高度的不同，仅用一个节点来代表室外空气的状态是不合理的。通过将所有独立节点与虚拟单元连接起来，假设空气可以通过这些虚拟单元从一个隧道流入另一个隧道，以确保网络模型中的质量守恒、热平衡和压力平衡。在这些虚拟单元中，热压和流动阻力均为零。

利用虚拟单元的概念，将地下空间的热量释放到室外环境中，以保证模型的热平衡，即室外虚拟单元的温度始终等于相应位置的室外空气温度。当进入长隧道的不同入口高度差异明显时，应根据高度调整相应的温度。海拔升高，气温就会下降。通常利用环境失效率（Environmental lapse rate）对空气温度进行修正，该修正率的取值一般为 –0.65℃ /100m[174]。

5. 基于单元的网络模型的构成

根据上述方法，先将深埋隧道、地下洞室和相连的室外环境转换为单元。然后根据各单元之间的物理关系，将其连接起来，形成通风网络。如图 2–2（a）所示，该深埋大空间与三条长隧道相连，每一条隧道又进一步划分为若干相互连接的单元。如图 2–2（b）所示，大空间分为三个单元，独立回路如图 2–2（c）所示，当节点数为 u 时，需要 u–1 个虚拟单元[175]。只要所有虚拟单元组成一棵生成树，它们的连接方式可以灵活多样。

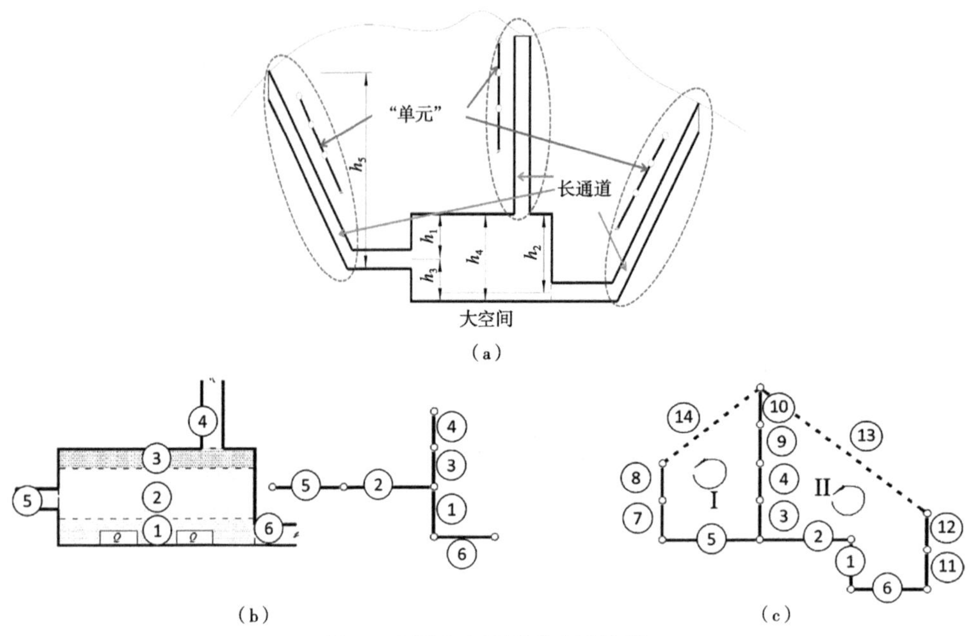

图 2-2　深埋地下建筑的典型通风网络

2.1.2　基于回路的网络

在网络模型中，基本参数是每个单元的质量流量 M。如果通风网络中有 n 个单元（包括室外虚拟单元），则质量流量 M 包含 n 个未知数。首先，建立求解单元质量流量的控制方程组，包括节点质量流量平衡方程组（式 2-1）和回路压力平衡方程组（式 2-2）。回路压力平衡方程组中各单元的热压由各单元的空气温度分布决定。本书给出了各单元的气温 T 的计算模型，包括式（2-7）、式（2-12）、式（2-13）。在单元的空气温度计算方程中，有两个参数：单元的质量流量 M 和单元与围护结构之间的传热量 Q_w。因此，引入了 Z 传递系数法来计算换热量 Q_w。

以上描述表明，空气质量流量 M、空气温度 T 和围护结构的传热 Q_w 是相互耦合的。

1. 节点的质量流量平衡

在网络模型中，节点和单元构成多个闭式回路，每个节点都与多个单元相连。连接到同一节点的所有单元的质量流量之和等于零。假设网络中存在 m 个节点，则质量流平衡方程中的 $m-1$ 个方程是线性无关的，构成了节点的质量流量平衡方程组。网络中节点的质量流平衡方程组表示为：

$$\boldsymbol{A'} \times M = 0 \tag{2-1}$$

其中，$\boldsymbol{A'}$ 是（$m-1$）$\times n$ 阶基本关联矩阵，M 是 n 维列向量，每个元素 M_j（j=1~n）代表单元 j 的质量流量。

2. 回路的压力平衡方程组

对于每个单元，可以建立其两个端点（节点）的压力平衡方程。考虑到通风管网是由闭合回路组成的，将各单元的压力方程沿闭合回路叠加，得到该回路的压力平衡方程。在任何独立回路中，总动力和总流动阻力之和等于零，可得出：

$$\boldsymbol{C_f}\cdot(\Delta\boldsymbol{P}_r-\boldsymbol{P}_\mathrm{d})=0 \tag{2-2}$$

式中，$\boldsymbol{C_f}$ 为（$n-m+1$）$\times n$ 阶独立回路矩阵，$\Delta\boldsymbol{P}_r(n\times1)$ 为流动阻力矩阵，$\boldsymbol{P}_\mathrm{d}(n\times1)$ 为流动动力矩阵，$\boldsymbol{P}_\mathrm{d}=\boldsymbol{P}_t+\boldsymbol{P}_\mathrm{w}+\boldsymbol{P}_\mathrm{f}$。

$\boldsymbol{P}_t$ 是由式（2–4）计算的单元的热压，$\boldsymbol{P}_\mathrm{w}$ 是与室外相连的单元的室外风压，$\boldsymbol{P}_\mathrm{f}$ 是由风机性能曲线确定的机械风机提供的压力。

上面式（2–1）包含 $m-1$ 个方程，式（2–2）包含 $n-m+1$ 个方程，方程总数为 n，它构成了求解 n 个单元的质量流量的控制方程，但仍然需要 $\boldsymbol{P}_t$、$\boldsymbol{P}_\mathrm{w}$、$\Delta\boldsymbol{P}_r$ 和 $\boldsymbol{P}_\mathrm{f}$ 的补充方程。

流动阻力可以用下式来表示：

$$\Delta\boldsymbol{P}_{r,\,j}=\frac{U_j}{\rho_j}M_j^2 \tag{2-3}$$

式中，U_j 是体积流量阻抗系数（m^{-4}），由摩擦损失和局部损失确定；ρ_j 是单元 j 中的空气密度（$\mathrm{kg/m^3}$）。一个单元的热压被定义为由单元内部空间和外部空间之间的密度差驱动的压力差。热压由单元的温度分布决定。

$$\mathrm{P}_{tj}=\int_j(\rho_0-\rho_j)\,g\cdot\mathrm{d}z=\int_j\rho_0\left(1-\frac{273.15+t_0}{273.15+t_{tj}}\right)g\cdot\mathrm{d}z=\rho_0\left(1-\frac{273.15+t_0}{273.15+\dfrac{t_{s,j}+t_{e,j}}{2}}\right)g\cdot\Delta z \tag{2-4}$$

式中，dz 是高度差的微分表达形式（m）；Δz 为单元进出口的垂直高差（m）；t_0 是环境空气温度（℃）；$t_{s,j}$ 是第 j 个单元的起点空气温度（℃）；$t_{e,j}$，第 j 个单元末端的空气温度（℃）；ρ_0 是外界环境空气密度（$\mathrm{kg/m^3}$）。可以看出，在线性温度分布的假设下，单元的热压可以通过单元进出口的空气温度来计算。关于单元划分对热压计算的影响，详见本书 2.1.5 节中的讨论。

3. 单元的空气温度计算模型

如上所述，为了计算单元的热压，有必要建立计算空气温度的补充方程。考虑到质量守恒方程是以矩阵形式表示的，为了使所建立的方程一致，本书将详细推导空气温度计算方程的矩阵形式。

1）单元的温度向量

单元的入口和出口的空气温度依次排列，形成温度列向量 $\boldsymbol{T}$。

$$\boldsymbol{T}=\begin{bmatrix}\boldsymbol{T}_\mathrm{s}\\ \boldsymbol{T}_\mathrm{e}\end{bmatrix} \tag{2-5}$$

式中，$\boldsymbol{T}_s$ 为 1~n 中所有单元的起点温度的列向量，$\boldsymbol{T}=[t_{s1}, t_{s2}, \cdots, t_{sn}]'$。$\boldsymbol{T}_e$ 是 1~n 中所有单元的终点温度的列向量，$\boldsymbol{T}_e=[t_{e1}, t_{e2}, \cdots, t_{en}]'$。因此，$t$ 有 $2n$ 个元素。此外，还有 U–1 个室外虚拟单元,其入口空气温度规定为室外温度。它们必须被扣除,所以总共有 $2n-u+1$ 个未知数。

2）节点处气流混合过程的热平衡式

由于节点没有体积，因此进入节点的总焓等于离开节点的焓。如下式：

$$\sum_{j=1}^{n} a_{x1,ij}\cdot c_p\cdot|M_j|\cdot t_{sj}+\sum_{j=1}^{n} a_{x2,ij}\cdot c_p\cdot|M_j|\cdot t_{ej}=0,\ i=1\sim m \tag{2-6}$$

式中，c_p 代表空气的比热，为 1.01kJ/（kg・K）；$a_{x1,\ ij}$ 和 $a_{x2,\ ij}$ 是符号函数。如果第 j 号单元中气流来自节点 i，则 $a_{x1,\ ij}=1$，否则 $a_{x1,\ ij}=0$。如果第 j 号单元的气流进入节点 i，$a_{x2,\ ij}=-1$，否则 $a_{x2,\ ij}=0$。

式（2–6）的矩阵形式如下：

$$\boldsymbol{A}_{jr}\cdot T=0 \tag{2-7}$$

其中

$$\boldsymbol{A}_{jr}=[\boldsymbol{A}_{je}\ ;\ \boldsymbol{A}_{ji}] \tag{2-8}$$

式中，A_{jr} 是 $m\times 2n$ 阶矩阵，它的秩为 m，其推导见附录 A。式（2–7）具有 m 个相互独立的方程。

3）单元的热平衡式

考虑到气流与内部热源和围护结构内壁等的传热，单元的热平衡关系式可以表述为：

$$Q_{w,\ j}+Q_{E,\ j}+|M_j|\cdot c_p(t_{sj}-t_{ej})-Q_{A,\ j}=V_j\cdot\rho_j\cdot c_p\cdot\frac{T_{rjn}-T_{rj}(n-1)}{\Delta t} \tag{2-9}$$

式中，$Q_{w,\ j}$ 是地下建筑通过围护结构的传热得热量，由 Z 传递系数法获得 [171]；$\Delta\tau$ 代表时间间隔。单元的起点温度和末端温度的算术平均值用作该单元的平均温度。省略下标 k，式（2–9）可写成：

$$\left(|M_j|\cdot c_p-\frac{V_j\cdot\rho_j\cdot c_p}{2\Delta\tau}\right)t_{ej}-\left(|M_j|\cdot c_p+\frac{V_j\cdot\rho_j\cdot c_p}{2\Delta\tau}\right)t_{sj}=-Q_{w,\ j}-Q_{E,\ j}-\frac{V_j\cdot\rho_j\cdot c_p\cdot t_{rj,(k-1)}}{\Delta\tau} \tag{2-10}$$

假设 $A_{e0}=[A_{e1}A_{e2}]$，

其中$A_{e1}=\mathrm{diag}\left[|M_j|\cdot c_p-\frac{V_j\cdot\rho_j\cdot c_p}{2\Delta\tau}\right]$，$A_{e2}=-\mathrm{diag}\left[|M_j|\cdot c_p+\frac{V_j\cdot\rho_j\cdot c_p}{2\Delta\tau}\right]$，$Q_0=[q_1,q_2,\cdots,q_n]'$，

$q_j=-Q_{w,\ j}-Q_{E,\ j}-\frac{V_j\cdot\rho_j\cdot c_p\cdot t_{rj,(k-1)}}{\Delta\tau}$，$j=1\sim n$。

写成矩阵形式，式（2–10）写成：

$$A_{e0}\cdot T=Q_0 \tag{2-11}$$

显然，如果 $\boldsymbol{A}_{e2}$ 的秩等于 n，那么 $\boldsymbol{A}_{e0}$ 的秩等于 n。因此，式（2–11）包含 n 个等式，且等式之间非线性相关。由于室外温度已知，因此应删除室外虚拟单元的守恒方程。删除相应

的行后，可以将 $\boldsymbol{A}_{e0}$ 转换为 $\boldsymbol{A}_e$，而 $\boldsymbol{Q}_0$ 可以转换为 $\boldsymbol{Q}$。式（2–11）可以转换为：

$$A_e \cdot T = Q \tag{2-12}$$

其中存在 $n-u+1$ 个相互独立的方程。

4）具有共同起点的多个单元的补充等温方程

假设节点处的气流能迅速达到完全混合状态，当多个单元具有相同的起点时，进入这些单元的空气温度相等。如果气流从一个节点到三个单元（例如 e2、e3、e4），则可得出两个等温方程：

$$\begin{cases} t_{s2} - t_{s3} = 0 \\ t_{s2} - t_{s4} = 0 \end{cases} \text{或} \begin{cases} t_{s2} - t_{s3} = 0 \\ t_{s3} - t_{s4} = 0 \end{cases}$$

对于第 i 个节点，如果它有 k_i 个出流单元，则该节点的出流等温方程的数量：

$$\sum_{i=1}^{m}(k_i - 1) = \sum_{i=1}^{m} k_i - m = n - m$$

这些节点的等温方程可以用简化的矩阵形式表示：

$$\boldsymbol{A}_{\mathrm{jc}} \cdot \boldsymbol{T} = 0 \tag{2-13}$$

其中

$$\boldsymbol{A}_{\mathrm{jc}} = [\boldsymbol{A}_{\mathrm{jc1}};\ zeros(n-m,\ n)] \tag{2-14}$$

$\boldsymbol{A}_{\mathrm{jc}}$ 是一个（$n-m$）$\times 2n$ 阶矩阵，A_{jc} 的数学推导见附录 B。

式（2–7）、式（2–12）和式（2–13）构成温度网络模型。存在 $2n-u+1$ 个线性方程和未知温度。知道每个单元的空气流量和换热量，就可以求解这些方程。

4. 围护结构传热模型

在地下空间的自然通风中，室内空气温度是不受控制的，因此围护结构表面与室内空气之间的传热是复杂的。当地下空间埋深超过 12m 时，环境温度波动的影响可以忽略不计[170]，这种建筑被称为深埋地下建筑。在这种情况下，土壤温度的变化只由地下空间的内部空气温度波动 $t_n(\tau)$ 引起。空气温度的这种波动使厚重而致密的围护结构随着时间蓄存或释放热量。通过动态传热过程，空气温度 $t_n(\tau)$ 受到相应的影响。显然，计算模型应该考虑这种空气与围护结构之间的动态换热和耦合。

虽然是 $t_n(\tau)$ 时间的连续函数，但在实际工程问题中，可以利用时间序列函数 $\{t_{ij}\}$ 进行简化，时间间隔为 1h。$\{t_{ij}\}$ 主要受室外空气温度和邻近空间的热扰动的影响。根据日平均气温和年平均气温的波动情况，$\{t_{ij}\}$ 为：

$$t_{ij} = \bar{t}_{\mathrm{y}} + (\bar{t}_{di} - \bar{t}_{\mathrm{y}}) + (t_{ij} - \bar{t}_{di}),\ i = 1\sim365,\ j = 1\sim24 \tag{2-15}$$

在式（2–15）中，$\bar{t}_y$ 为全年常数，$\bar{t}_{di}$–$\bar{t}_y$ 为日变化量，代表年温度波动的主要谐波。对应的角频率 $\omega = 1.9924 \times 10^{-7}\text{s}^{-1}$。$t_{ij}$–$\bar{t}_{di}$ 每小时变化一次，这是每日温度波动的主要谐波。对应的角频率 $\omega_d = 7.2722 \times 10^{-5}\text{s}^{-1}$。根据线性系统叠加原理，受 t_{ij} 影响的围护结构小时换热量 q_{ij} 为：

$$q_{ij} = q_y + q_{di} + q_{hij} \tag{2–16}$$

式中，q_y 是年平均温度（$\bar{t}_y$）对应的空气与围护结构之间的换热量（W/m^2）。q_{di} 是与 $\bar{t}_{di}$–$\bar{t}_y$ 相对应的换热量（W/m^2），每天都在变化。q_{hij} 是对应于 t_{ij}–$\bar{t}_{di}$ 的换热量，每小时变化，W/m^2。q_y 可以通过分析方法得到 [170]；在计算中，q_y 衰减很快。一年后它变得可以忽略不计。温度谐波 $\bar{t}_{di}$–$\bar{t}_y$ 和 t_{ij}–$\bar{t}_{di}$ 驱动的围护结构瞬态传热计算采用基于时间序列的 Z 传递系数法 [171]。温度波 $\bar{t}_{di}$–$\bar{t}_y$ 和 t_{ij}–$\bar{t}_{di}$ 的波动将使围护结构交替吸放热量。温度谐波的不同频率将影响参与吸放热过程的围护结构的厚度。由于温度波的频率较低（因此周期较长），其对传热的影响可达到围护结构较深的位置。频率越高（周期越短），其对传热的影响就越小。因此，两种温度谐波的传递函数的系数是不同的，应分别计算。

假设 $\tilde{t}_{di} = \bar{t}_{di} - \bar{t}_y$，由 $\tilde{t}_{di}$ 驱动的从室内空气到内表面的热通量 q_{di} 为：

$$q_{di} = \sum_{k=0}^{l} c_k \cdot \tilde{t}_{d(i-k)} - \sum_{k=1}^{m} d_k \cdot q_{d(i-k)},\ \text{if}\ i < k,\ i = i + 365,\ i = 1 \sim 365 \tag{2–17}$$

计算 q_{di} 时，时间间隔设置为 1d。

假设 $\tilde{t}_{ij} = t_{ij} - \bar{t}_{di}$，由 $\tilde{t}_{ij}$ 驱动的从室内空气到围护结构内表面的热通量 q_{hij} 为：

$$q_{hij} = \sum_{k=0}^{l} c_k \cdot \tilde{t}_{i(j-k)} - \sum_{k=1}^{m} d_k \cdot q_{hi(j-k)},\ \text{if}\ j < k,\ j = i + 24,\ i = i - 1,\ j = 1 \sim 24 \tag{2–18}$$

在计算 q_{hij} 时，时间间隔设置为 1h。

2.1.3 围护结构传热量、空气温度和质量流量的耦合计算

为了利用该网络模型预测地下建筑的自然通风状况，所需的输入参数应包括单元的几何尺寸和拓扑关系、围护结构的热物性参数、空间布局、容量、热源的运行时间表和典型年的逐时气象参数。未知参数包括单元的空气温度、围护结构与内部气流之间的传热以及气流质量流量等。它们的耦合关系如图 2–3 所示。

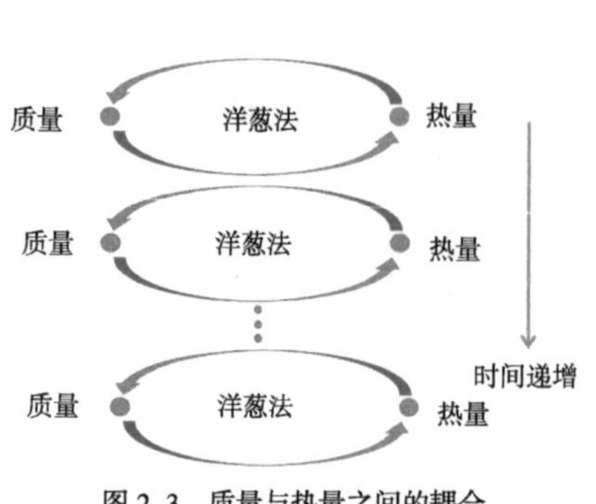

图 2–3 质量与热量之间的耦合

根据 Jensen 等人 [160] 的建议，采用洋葱法来反映气流和传热之间的相互耦合作用。在耦合过程中，通过代数运算和传热模型与流动网络模型计算之间的反复迭代，达到收敛时，计算将进入下一时间步长。

在网络模型中，独立回路的压力平衡方程是非线性的，用牛顿法求解 [176]。深埋结构的围护结构由厚重的岩土组成。通过这些材料的热传递时间可以长达一年甚至

更长。如前一节所述，计算中的每一个步长都涉及耗时的代数运算和重复迭代，因此，采用“双层时间步长”的模拟策略来最小化计算时间。首先，计算一年中每天的平均通风状况和热环境状况。然后，根据这些日计算结果，进行逐时计算，预测自然通风状况。计算逐时结果和逐日结果的程序是相似的。

完整的多区域网络通风计算过程如图 2–4 所示。首先，需要准备模型的输入参数，包括节点和单元的编号、流动阻抗系数、热源强度和位置、单元的热物性参数、热源的运行时间表等。此外，还需要建立网络模型的矩阵，并计算作为网络通风计算所需输入的围护结构 Z 传递系数。然后，为实现上述洋葱耦合法，将空气流量和热传导计算结合起来反复交换数据，耦合计算。单元的温度未知数是传热模型的基本参数，质量流量是传热模型的基本参数。如图 2–4 所示，该框架显示了如何通过求解相应的控制方程来获得这些基本参数。最后，继续进行下一个时间步骤，并重复整个计算过程。

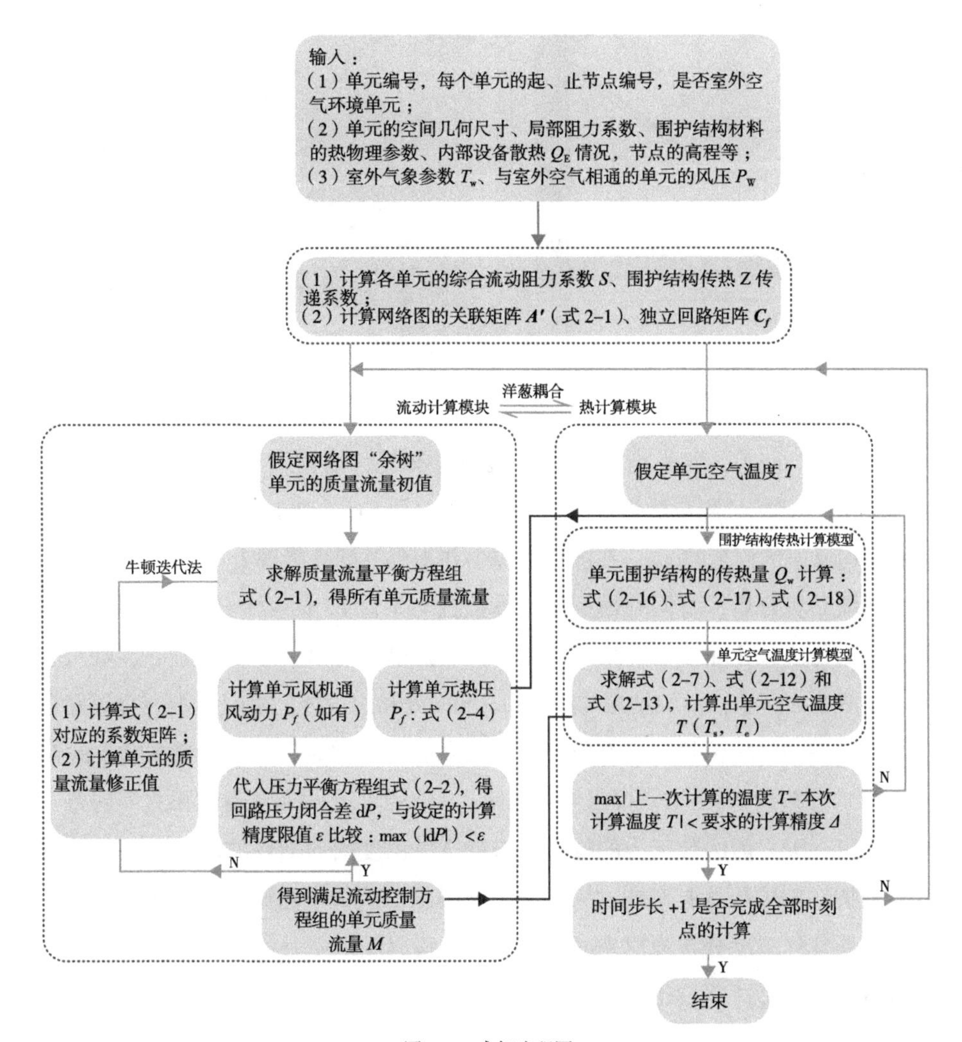

图 2–4　求解流程图

2.1.4　一维多区域网络模型的验证

为了验证该模型，使用了两组实验分别对传热模型和流动模型进行验证，即一个小规模模型实验对流动模型进行验证和一个隧道中的现场测试对传热模型进行验证。以单元内部热源为研究对象，进行缩比模型实验，验证了内部热源驱动的流动网络模型，具体验证过程可以参考文献[175，177]，总体上，实验和模型计算结果相对误差在7%之内。此外，由于在实验室模拟真实的深埋环境是不现实的，因此采用现场测量来验证气流与深部岩石之间的传热模型。

作为验证的第二阶段，采用现场实测方法对四川省某深埋隧道的气流与深部岩石间的传热模型进行了验证。该隧道长度为305m，断面如图2–5所示。

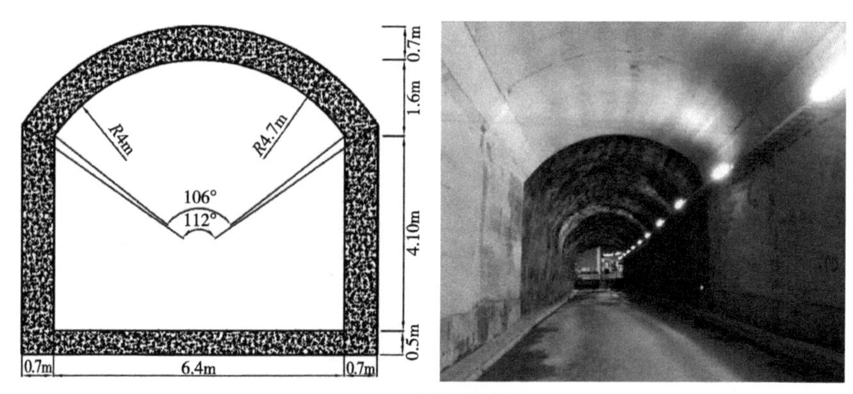

图2–5　隧道的截面图

隧道的热物性参数如下：密度2800kg/m^3，导热系数2.80W/（m·K），比热900J/（kg·K）。室外计算干球温度26.6℃，年平均气温11.2℃。现场测量周期为7月16日~21日，试验采用Testo 174t微型温度记录仪测量隧道进出口干球温度，用Testo 480气候测量仪测量隧道平均风速。测得的平均风速约为1.93m/s。在测量过程中并未观察到冷凝现象。

在测试环境设置好后，将网络模型的计算数据与7月17日~21日的测量数据进行比较。隧道分为7段，每段长45m，从气流入口开始，上游单元的出口温度作为下游单元进口温度的输入值。如图2–6所示，模拟结果与距入口180m处和出口处的测量数据吻合较好。该结果表明空气与岩石围护结构传热的动态模拟具有较高的精度。测量结果与模拟结果的偏差均在1.0℃以内，平均偏差约为0.5℃。可以发现，第一天的模拟结果和测量结果之间的差异相对较大。这与测试第一天之前的数天内的隧道入口处空气温度的周期性波动有关，测试前的数天空气温度对围护结构传热具有影响。为了减小该影响，从早于测试日10d前开始计算，每日使用相同的室外空气温度分布规律来减小测试前一段时间内室外的空气温度波动所造成的影响。另外，这种差异的另一个来源是假设隧道内温度一直恒定不变，这与实际情况不同。最后，由于施工期间所用材料的微小变化，岩石的导热系数在隧道内沿长度方向不均匀，而实际内

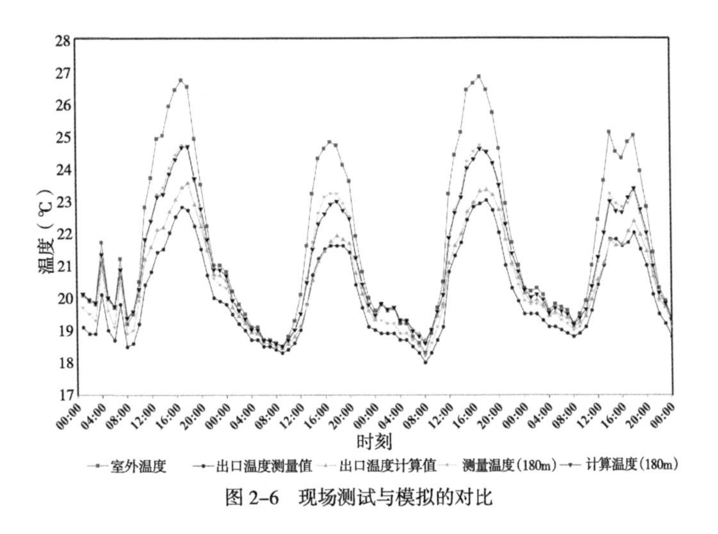

图 2-6　现场测试与模拟的对比

部横截面的面积也可能在隧道沿长度方向有所不同，这对空气与隧道表面的传热将造成影响。所有这些差异都可能导致测试与模拟之间的偏差。

2.1.5　关于单元划分的一些讨论

很明显，单元划分越小，计算就越精确，但这会增加计算量。应根据空气温度沿长度方向的变化率来选择单元的划分疏密程度。温度变化越缓慢，单元的长度应取的越大。以 Li 等人 [161] 的研究为例，沿隧道沿长度方向的空气温度分布如图 2-7 所示。将隧道划分为每段 20m 长。在参考案例中，前 20m 的温度变化为 0.2℃，而隧道末端的温度变化为 0.02℃。对比隧道沿长度方向的热压分布的结果，前 20m 相对误差为 0.4%，后 20m 相对误差为 0.0005%，整个隧道相对误差为 0.003%。当单元长度增加到 100m 时，前 100m 的温度变化为 0.9℃，而隧道末端的温度变化为 0.1℃。与模型计算的热压结果相比较，前 100m 相对误差为 2.16%，后 100m 相对误差为 0.014%，整个隧道相对误差为 0.08%。

根据敏感性分析，隧道入口端的前 100m 内气流温度变化较大，但即使单元长度为 100m，

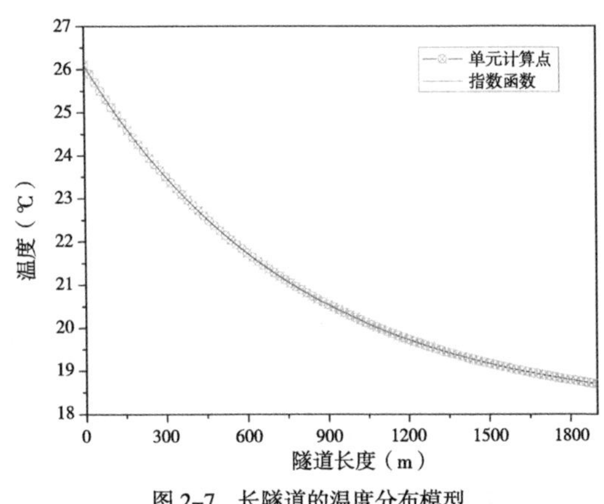

图 2-7　长隧道的温度分布模型

热压计算的相对误差仍在可接受的精度（2.16%）范围内。因此在地下建筑的热压通风计算中，单元划分时尺寸的选择，在隧道的入口处应取值相对较小，在第一个 100m 之后，可以适当增加单元长度以减少计算量。

大型地下空间中的气流比长隧道中的气流更加复杂。如果单元划分的假设与实际情况不匹配，则会导致计算出现较大偏差或者获得错误的计算结果。同样的问题也存在于其他多区域网络模型中；对于模型的一些假设，例如一维单向气流、完全均匀混合温度，将导致计算错误[127]。地下空间单元的温度分布受内部热源、进出口位置和气流大小的影响。另外，单元内的温度分布会通过浮力效应影响气流大小。对于给定的某空间，若确定某种特定的单元划分的方法，则确定了热源与单元之间的对应关系、气流路径和单元内部的温度分布，而这种空间内单元的划分方法可能与实际情况有所不同。因此，不同的单元划分可能会影响通风计算结果。如图 2-8（a）所示，大空间的两种单元划分方式将产生两种不同的通风网络结构，并可能导致不同的计算结果。因此，对大型地下空间的单元划分方法仍需要进行进一步的研究。

在实际工程中，当地下大空间出入口的高度差远小于通向室外的长隧道的高度差时，可将其视为一个单元。虽然大空间内的温度和气流分布的描述可能与实际情况有很大的不同，但对于整个管网主通道的通风量，其计算精度是可以接受的。例如，以某水电站厂房为例[177]，发电机房（E3）进出口高度差为 8.25m，仅占主排风竖井（E12）高度差的 3.6%，出线竖井（E15）高度差的 3.5%。因此，空间温度分布引起的局部浮升力对整个系统总通风流量影响较小。对于类似的实际工程问题，一维模型可以计算出整体的通风状况，再结合 CFD 或现场实测来分析大空间内的详细气流和温度分布。

通过大开口（如门洞）的气流较复杂，可能在开口的不同部分存在双向流动。两个房间之间的温度差和由此产生的密度差可能产生局部的浮力效应，从而导致门洞顶部的正压差和底部的负压差（反之亦然），这将导致开口处存在双向流动[141, 178-180]。在本书提出的模型中，为了解决通过门洞等大型开口的双向气流问题，如图 2-8（b）所示，门洞本身采用了单独的单元。

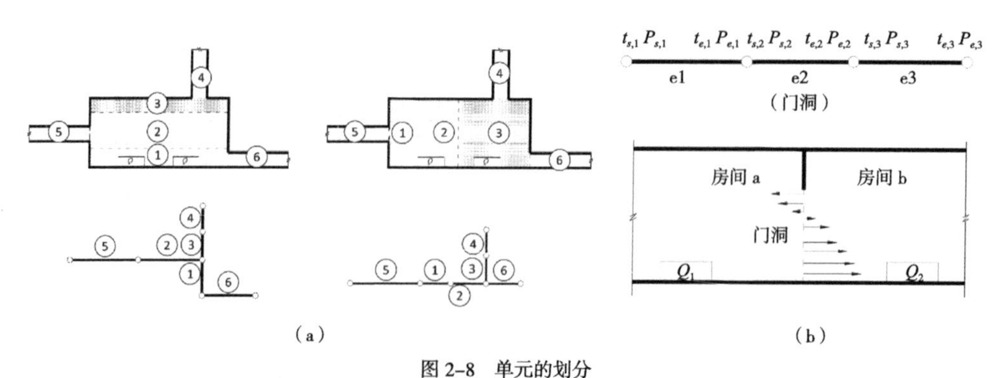

图 2-8 单元的划分

（a）大空间中不同的单元划分方式；（b）大开口的划分方式

（注："①②③" 表示单元划分，即单元 1，单元 2，单元 3）

该单元具有如下性质：①无体积；②具有流动阻力，可用式（2–3）表示。通过求解网络模型，得到各单元的温度、流量和流动阻力。然后，可以得到每个单元末端的压力。结合门洞和相邻空间的几何拓扑信息，采用 Contam 软件中所应用的单开口模型 [141] 可计算出通过门洞的气流。如果净空气流量与网络模型中的结果一致，将进入下一个时间步长的计算。如果单开口模型的结果与网络模型的计算结果不一致，则应修改门洞处的流动阻抗系数，并对网络模型进行重新计算。重复该过程，直到结果在可接受的精度范围内。然后，执行下一个时间步长。

该一维多区域网络模型法仍有一些局限性。首先，作为基本输入参数所需的流量阻抗系数通常是未知的。可以使用缩比模型进行测试来估计该流动阻抗系数，但是关于许多几何形状差异明显的各种建筑方案的比较设计，对每种几何形状进行测试，显然不切实际。然而，由于几何结构的复杂性，目前较准确地获得流动阻抗系数的方法是通过缩比模型实验。更便捷的方法是根据几何形状和其他参数生成经验关系式。然而，必须进行大量的实验和理论研究，以得出一个比较准确的经验公式，从而准确计算阻抗。其次，网络模型不能提供空间内部的详细温度和气流分布。一个全尺度的 CFD 模拟可以提供这些数据，但这将增加计算量。因此，建议在未来的研究中，将 CFD 与所该一维多区域网络模型 LOOPVENT 结合，考虑非完全混合的具有热源的大空间内气流和温度分布的复杂性。最后，本模型对于多解的判定方面，都是使用不同的初始值假设，利用不同的初始条件，获得热压分布的多解。对于所求得的热压分布状态是否稳定，是否只是纯数学解，以及物理中是否能实现，该模型仍然无法给出答案。仍需通过下文所涉及的其他方法，对多解的形成机制及多解的存在性和稳定性开展进一步研究。

2.2　模型实验法

2.2.1　实验设置

本通风实验在重庆大学城环学院实验楼进行。使用由防火板制作的典型地下水电站的缩比模型组成的实验装置，定性地验证了多稳态的流动现象。水电站一般埋深近百米或数百米，该实验为了简化模型并方便对热压的多态性进行研究，只考虑了单个热源的作用，其综合了水电站中变压器、电缆和发电机组等的散热量。同时，为了方便观察和控制，该实验只考虑了双开口的情况。与实际水电站的尺度相比，该模型的比例尺约为 1 ： 20，但该模型并不对应特定水电站工程。利用一台功率为 1kW 的面发热体模拟水电站机组及配套设备的总散热量，利用变压器调节局部热源的发热量，改变发热功率。使用多通道风速仪（Kanomax 1560 型）测量平均风速，并使用额定功率为 400W 的烟雾发生器产生白烟用于可视化气流运动。K 型热电偶连接至 Keysight 34972A 数据采集仪，用于探测模型中气流的温度。具体配置如图 2–9（a）所示。其速度测点位于进出口竖井的气流平稳段，而温度测点的布置如图 2–9（b）所示。各测试仪器及设备的参数详见表 2–1。

实验设备及参数　　**表 2-1**

仪器名称	型号	图片	测量对象	量程	精度
数据采集仪	Keysight 34972A		数据采集	—	± 0.01℃
热电偶探头	K 型		空气温度	0~1200℃	± 1.5℃
多通道风速仪	Kanomax 1560		数据显示	0~9.99m/s >10m/s	± 0.01℃ ± 0.1℃
风速探头	Kanomax		空气风速		
电功率表	PZ9800		电流电压	0.005~20A 0~600V	± 0.5%
烟雾发生器	Fogger-400		产生烟雾	—	—
调压器	TDGC2 3kva		调节发热功率	—	—

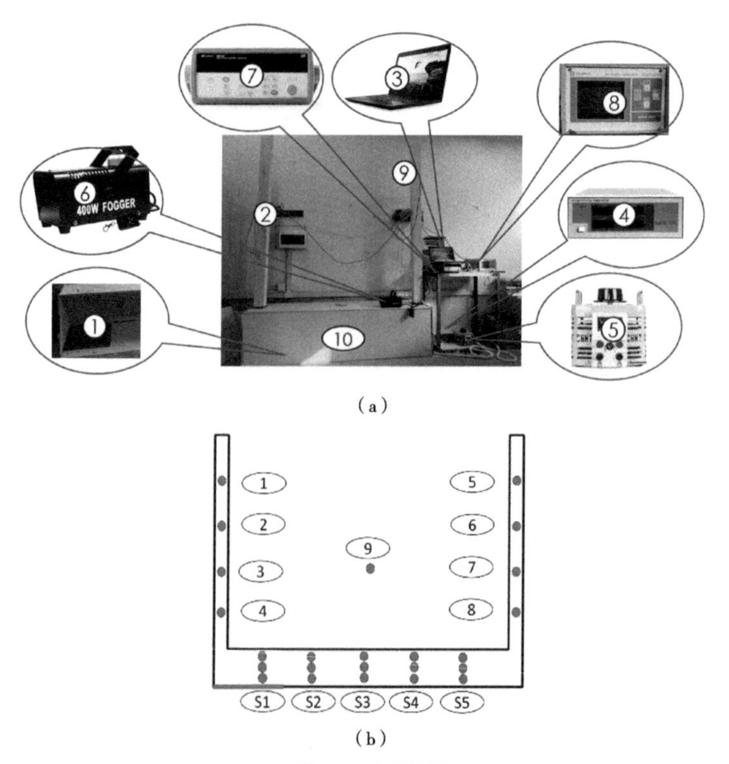

（a）

（b）

图 2-9　实验设置

（a）系统的配置；（b）感应器的安装位置图

1：局部热源；2：温度感应器；3：笔记本电脑；4：电流电压功率表；5：变压器；6：烟雾发生器；7：数据采集仪；8：多通道风速仪；9：流速探测器；10：防火板制作的建筑模型

2.2.2　相似比例尺

在相同气候条件下，且所用的介质都为空气的时候，若采用1/20的几何缩比模型，保持原型和模型的阿基米德数相同，模型可以反映原型的空气流动和传热关系，根据相关的比例关系式[181, 182]，其几何比例尺（C_l）、速度比例尺（C_v）、质量流量比例尺（C_G）和换热量比例尺（C_Q）如表2–2所示。以小湾水电站为例，其装机容量为4200MW，根据甲方提供的包括发电机层（机壳、照明、励磁盘装置等）、中间层（机组自用变、厂公用变、6kV（11kV）盘散热、低压盘散热、照明等）、水轮机层、母线洞、主变洞、高压电缆层和出线洞等的总散热量约为4026kW。根据表2–2的热量比例尺，其模型发热功率约为2.25kW。本实验模型中，主要是为了研究地下热压通风的多解现象，考虑的是只有一个集中厂房的地下水电站工程。其规模应该比小湾水电站小，因此模型中热源的叠加强度考虑最大不超过1kW。其发热量应该和原型2000MW的水电站相当。

实验台的缩放比例　表2–2

参数	缩放比例
C_l	1/20
C_v	1/4.5
C_G	1/1789
C_Q	1/1789

2.3　计算流体力学法

计算流体力学被广泛应用于通风空调领域，对室外通风、室内通风、污染物扩散等领域进行数值计算。在本书中主要利用CFD计算地下建筑室内的通风气流分布。通过使用二阶段模拟法，再现地下建筑热压通风的多解现象，并对多稳态的形成进行分析。

2.3.1　二阶段模拟方法介绍

对于两阶段模拟法[68]，首先关闭能量方程，将空气密度设置为常数，边界条件如表2–3所示。壁面被定义为无滑移条件，入口开口被定义为速度入口。出口模拟为压力出口，表压为0，可使空气自由流出。当残差小于10^{-6}时，模拟被认为达到了收敛的条件。然后，将第一阶段的模拟结果作为第二阶段的初始条件，继续进行计算。根据能量方程和布辛内斯克（Boussinesq）假设，并改变边界条件，如表2–4所示。比热为1006.43J/（kg·K），导热系数为0.0242W/（m·K），黏度为1.7894×10^{-5}kg/（m·s），热膨胀系数为0.003K^{-1}，局部热源切换至恒定热流边界条件，两个开口均设置为压力边界，压力边界值为 0Pa，可使空气从任何方向自由出入。在模拟收敛后，可以在第一阶段模拟中改变初始速度，以获得不同的稳定状态。

模拟第一阶段的边界条件 表 2-3

边界类型	边界条件
壁面	无滑移和绝热表面
入口	速度入口
出口	压力出口
局部热源	无滑移和绝热表面

模拟第二阶段的边界条件 表 2-4

边界类型	边界条件
壁面	无滑移和绝热表面
入口	压力入口
出口	压力出口
局部热源	恒定热流

2.3.2 热压通风的偏微分方程描述

1. 控制方程

本书主要采用 RNG $k\text{–}\varepsilon$ 模型（模型的选择和比较将在本书 3.2 节中详细描述）来模拟几何结构内的热压通风。控制方程是基于二维笛卡尔坐标系，其数学描述如下：

连续性方程：

$$\frac{\partial u}{\partial x}+\frac{\partial v}{\partial y}=0 \qquad (2\text{–}19)$$

动量守恒方程：

$$\rho_{\mathrm{a}}\left(\frac{\partial u}{\partial t}+\frac{\partial u^2}{\partial x}+\frac{\partial uv}{\partial y}\right)=-\frac{\partial p}{\partial x}+\frac{\partial}{\partial x}\left[\mu_{eff}\left(\frac{\partial u}{\partial y}+\frac{\partial v}{\partial x}\right)\right] \qquad (2\text{–}20)$$

$$\rho_{\mathrm{a}}\left(\frac{\partial v}{\partial t}+\frac{\partial uv}{\partial x}+\frac{\partial v^2}{\partial y}\right)=-\frac{\partial p}{\partial x}+\frac{\partial}{\partial x}\left[\mu_{eff}\left(\frac{\partial v}{\partial x}+\frac{\partial u}{\partial y}\right)\right]+\rho_{\mathrm{a}}\beta g\,(T-T_0) \qquad (2\text{–}21)$$

其中 $\rho_{\mathrm{a}}\beta g\,(T-T_0)$ 是基于 Boussinesq 假设的浮升力项。

能量守恒方程：

$$\rho_{\mathrm{a}}C_{\mathrm{a}}\left(\frac{\partial T}{\partial t}+u\frac{\partial T}{\partial x}+v\frac{\partial T}{\partial y}\right)=\frac{\partial}{\partial x}\left(\lambda_{\mathrm{a}}\frac{\partial T}{\partial x}\right)+\frac{\partial}{\partial y}\left(\lambda_{\mathrm{a}}\frac{\partial T}{\partial y}\right)+S_h \qquad (2\text{–}22)$$

RNG $k\text{–}\varepsilon$ 模型的输运方程：

$$\frac{\partial}{\partial t}(\rho_a k)+\frac{\partial(\rho_a ku)}{\partial x}+\frac{\partial(\rho_a kv)}{\partial y}=\frac{\partial}{\partial x}\left(\alpha_k\mu_{eff}\frac{\partial k}{\partial x}\right)+\frac{\partial}{\partial y}\left(\alpha_k\mu_{eff}\frac{\partial k}{\partial y}\right)+G_k+G_b-\rho_a\varepsilon \tag{2-23}$$

$$\frac{\partial}{\partial t}(\rho_a \varepsilon)+\frac{\partial(\rho_a ku)}{\partial x}+\frac{\partial(\rho_a kv)}{\partial y}=\frac{\partial}{\partial x}\left(\alpha_\varepsilon\mu_{eff}\frac{\partial k}{\partial x}\right)+\frac{\partial}{\partial y}\left(\alpha_\varepsilon\mu_{eff}\frac{\partial k}{\partial y}\right)+C_{1\varepsilon}\frac{\varepsilon}{k}(G_k+C_{1\varepsilon}G_b)-C_{2\varepsilon}^*\frac{\rho_a\varepsilon^2}{k} \tag{2-24}$$

$$C_{2\varepsilon}^*=C_{2\varepsilon}+\frac{c_\mu\eta^3(1-\eta/\eta_0)}{1+\beta\eta^3} \tag{2-25}$$

其中

$$\mu_{eff}=\mu_a+\mu_t,\ \mu_t=\rho_a C_\mu\frac{k^2}{\varepsilon},\ G_k=\mu_t S^2,\ S=\sqrt{2S_{ij}S_{ij}},\ \eta=\frac{sk}{\varepsilon} \tag{2-26}$$

在以上方程中，u，v 是流体的 x，y 方向上的分量；x，y 是长度分量；t 是时间参数；ρ_a 是空气的密度；p 是空气压力；C_a 空气的比热；T 是温度；λ_a 空气的导热率；k 是湍流动量；ε 湍流耗散率；α_k 和 α_ε 分别是 k 和 ε 的反普朗特数；μ_a 和 μ_t 分别是空气的动力黏性系数和湍流黏性系数；G_k 代表由平均速度梯度所产生的湍流动能；G_b 代表由浮升力所产生的湍流动能，S_h 是用户自定义参数，$C_{1\varepsilon}$，$C_{2\varepsilon}$，C_μ，η_0 和 β 是常数。

2. 初始条件

$$T(x,y)|_{t=0}=T_0, P_{gauge}|_{t=0}=0, u|_{t=0}=0, v|_{t=0}=0 \tag{2-27}$$

其中，T_0 为室外空气温度，P_{gauge} 为表压 [Pa]。

3. 边界条件

自由空气入口边界条件：

$$P_{gauge}=0, T=T_0 \tag{2-28}$$

自由空气出口边界条件：

$$P_{gauge}=0 \tag{2-29}$$

绝热壁面边界条件：

$$q=\lambda_s\left(\frac{\partial T}{\partial n}\right)_w=0, u=0, v=0 \tag{2-30}$$

恒定热流的热源条件：

$$q=\lambda_s\frac{\partial T}{\partial x}=\text{const}, u=0, v=0 \tag{2-31}$$

2.4 非线性动力学法

几乎自然界中所有发生的物理现象都可以用适当的数学模型来描述。这个数学模型的难易将由所描述的物理现象及对其做的相应假设决定，可能无法对它求解，但它们是存在的。

要从理论上分析地下建筑热压通风的多解问题，实际上涉及非线性动力学和混沌效应的一些理论。而动力学问题研究的是系统随时间变化的一个过程。在热压通风的多解问题的建模中，在各区域进行均匀混合的假设的前提下，通过质量守恒、能量守恒和压力平衡将热压通风用常微分方程或常微分方程组来进行描述。对于单区域将会是常微分方程的问题，而对于多区域将转化为常微分方程组的问题。若考虑各区域内部压力、温度等的非均匀分布的问题，则必须由偏微分方程进行描述，这将不利于从理论上对热压通风的多解性进行深入和定性的研究。因此，对地下建筑热压通风的多态的研究，实际上将是对常微分方程组多解的研究。

前面绪论中关于热压通风多解的一些问题（例如：在何种情况下会产生多个平衡解？一定条件下到底有多少平衡解？是否每一个平衡解都是稳定的？平衡解之间如何转换？）将会转化成求解微分方程组的问题，针对常微分方程的求解，提出了以下问题：

（1）给定一个微分方程，平衡解一定存在吗？

不是所有的微分方程都有平衡解，所以提前知道解是否存在将非常重要。该问题在常微分方程理论中被称为解的存在性问题。

（2）如果该微分方程有解，那么具体有多少个解？

一个微分方程可能有不止一个平衡解。想知道一个微分方程有多少平衡解，如绪论所述，同一几何条件及边界条件下，可能存在两种通风流动状态。这将对应微分方程组的两个平衡解。给定一个微分方程组，需要了解其平衡解的数量。

（3）如果该微分方程有平衡解，它的稳定性如何？

要判定某种热压通风状态是否稳定及真实存在，需要通过判定常微分方程组平衡解的稳定性来实现。

为了更系统研究热压通风的多解问题，需要对常微分方程几何理论有初步了解。通过绘制常微分方程的线素场及相图，了解自治动力系统的发展规律，对热压通风的动态过程有全面清晰的理解。

2.4.1 常微分方程的线素场（Direction Field）

通过了解线素场或方向场（Direction Field），可以在不求解微分方程的基础上，了解常微分方程解的很多性质。从微分方程的线素场中至少可以获得如下信息：

（1）对解的图像描述。因为线素场中的每一点方向向量是微分方程对应解的正切值，可以用这些方法来绘制微分方程的解的图像。

（2）寻找长期特征。在许多情况下，对微分方程的解并不是特别关注，相反对解随时间 t 的增加如何变化更加关注。如果可以描绘出线素场，就可以寻找和分析解的这种长期表现。

以常微分方程 $y(t)'=(y^2-y-2)(1-y)^2$ 为例，令 $y(t)'=\frac{\mathrm{d}y}{\mathrm{d}t}=0$，可得 $y=-1$，1 和 2。从动力学的角度可知，函数 y 的时间导数为零，表示函数值不随时间而发生变化，说明该系统达到了稳定状态。图 2–10 是上述方程的线素场，由图可知，该系统具有三个平衡解，即图中斜率为零的三条线，分别为 $y(t)=-1$，$y(t)=1$ 和 $y(t)=2$。当给予该系统不同的初始值时，其函数将趋近于不同的解。从线素场的草图可以看出，当给定具体的某个初始值，沿着线素场中的方向矢量的箭头，可以判定具体趋向于哪一个解。初始条件与最终解的关系可以用表 2–5 来表示。

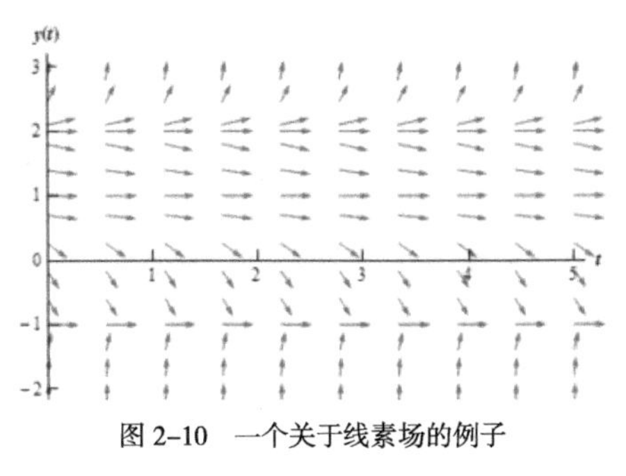

图 2–10　一个关于线素场的例子

不同初始条件所对应的不同稳定解　　表 2–5

$y(0)$ 的值	$t\to\infty$ 时，y 的值
$y(0)<1$	$y\to-1$
$1\leqslant y(0)<2$	$y\to1$
$y(0)=1$	$y\to2$
$y(0)>1$	$y\to\infty$

2.4.2　常微分方程组的相图（Phase Portrait）

本书先从一个齐次常微分方程组 $\vec{x}'=A\vec{x}$ 开始来介绍相图的概念。

由系统可知，$\vec{x}'=\vec{0}$ 是常微分方程组的一个解，系统的其他解是随着 t 的增加而接近这个解，还是远离这个解？在本书 2.4.1 节，对平衡解进行分类时，也做了类似的事情。实际上，此处只是将这个概念从单个微分方程推广到微分方程组。

$\vec{x}=\vec{0}$ 是该常微分方程组的一个平衡解。与单个常微分方程的解相似，常微分方程组的平衡解是使方程 $A\vec{x}=\vec{0}$ 的解。若 A 为非奇异阵，则该方程组将只有 $\vec{x}=\vec{0}$ 一个平衡解。

在单个微分方程的情况下，能够在 y–t 平面上画出解 $y(t)$，并看到实际的解。然而，在常微分方程组的情况下，这有点困难，因为这个解实际上是一个向量。对于一个 2×2 的方程组，需要将系统的解看作 x_1x_2 平面上的点，并绘制这些点。平衡解则对应该平面的原点。x_1x_2 平面称为相平面。

要在相平面中绘制一个解，可以选取 t 的值并将其插入到解中。这 x_1x_2 平面上的一个点，可以在图上绘制出来。绘制多个 t 对应的点，就可以用来了解微分方程组的解的特征。在相平面上绘制一个随着 t 变化的特殊解称为解的轨线。一旦画出了解的轨线，就可以判断随着 t 的增加，解是否会接近平衡解。

以二维线性常微分方程组为例，

$$\vec{x}_1' = x_1 + 2x_2$$

$$\vec{x}_2' = 3x_1 + 2x_2$$

如图 2–11 所示，在这种情况下，看起来大多数解都会从远离平衡解处开始，然后当 t 开始增加时，它们会向平衡解移动，最后再次远离平衡解。似乎有四个解的行为略有不同，如蓝色轨线所示：其中有两个解从平衡解开始（或至少接近平衡解），然后直接远离平衡解；而另外两个解则从远离平衡解处开始，然后直接向平衡解移动。在这种情况下，称平衡点为鞍点，也称为不稳定点，因为除了两个解外，其余的解都随着 t 的增加而远离它。

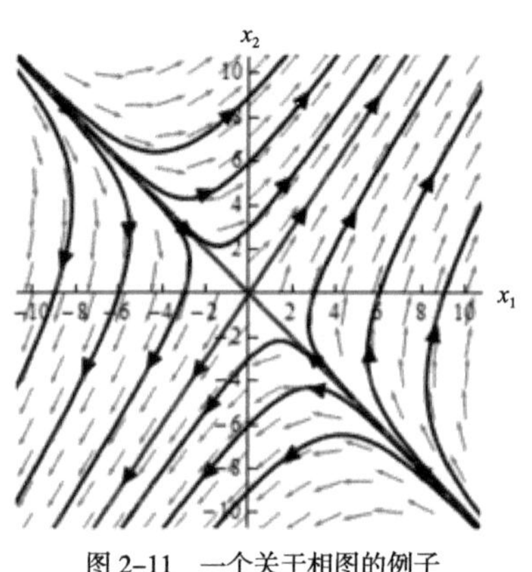

图 2–11　一个关于相图的例子

2.4.3　非线性动力系统的流体分支理论

如果动力系统的特征随一个参数变化而突然改变，那么可以说它经历了一个分叉。在分叉点，系统的稳定性可能随之发生变化。

非线性系统可能有不止一个稳态解。例如，不同的初始条件可能产生不同的稳态解。这种形式的系统被称为多稳态系统。

如果系统 $x = f(x)$ 中的小扰动对系统的特征不发生变化，可以认为连续可微的向量场 $f \in R^2$ 是结构稳定的。如果小扰动对系统的特征发生变化，可以认为 f 是结构不稳定的。

考虑系统 $\dot{x} = f(x, \mu)$，式中 $x \in R^2, \mu \in R$。如果存在数值 μ_0 使得向量场 $f(x, \mu_0)$ 结构不稳定，那么 μ_0 被称为分岔值。[183]

典型的分支有鞍结点分支（Saddle-Node Bifurcation）、超临界分支（Transcritical Bifurcation）、叉形分支（Pitchfork Bifurcation）、霍普夫分支（Hopf Bifurcation）。

以系统 $\dot{r} = r(\mu - r^2)$，$\dot{\theta} = -1$ 为例，其分支图如图 2–12 所示，是一个典型的霍普夫分支。

通过建立地下建筑热压通风的常微分方程组，对影响常微分方程线素场的重要参数如竖井的相对高度，壁面传热量及热源散热量等的分析，研究这些重要参数的变化是否会对通风的稳态解的数量及稳定性产生影响。通过动力系统的分支理论研究是否会产生流体分支现象。

2.4.4　非线性动力系统的数值解法

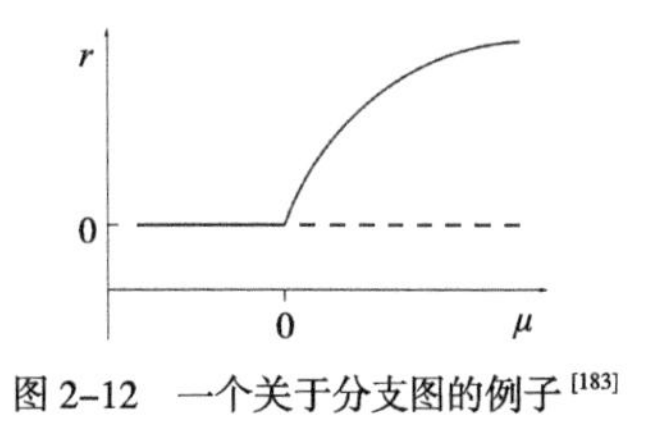

图 2–12　一个关于分支图的例子[183]

本书涉及的非线性系统可以用龙格 – 库塔数值解法（Runge–Kutta 4th order method）[184] 来求解。对于

$$\frac{dy}{dt}=f(x,y),\ y(0)=y_0$$

龙格 – 库塔数值解法的迭代式如下：

$$y_{i+1}=y_i+\frac{1}{6}(k_1+2k_2+2k_3+k_4)h$$

其中，$k_1=f(x_i,y_i)$，$k_2=f(x_i+\frac{1}{2}h,y_i+\frac{1}{2}k_1h)$，$k_3=f(x_i+\frac{1}{2}h,y_i+\frac{1}{2}k_2h)$，$k_4=f(x_i+h,y_i+k_2h)$。

通过对地下热压通风进行建模，建立地下空间各区域温度随时间变化的非线性常微分方程组，然后利用该数值方法进行求解，可获得在不同的初始条件下，各区域的温度随时间的变化图。不同初始温度最终向平衡温度变化的轨线可以绘制成该系统的局部相图，从而对系统的解的特性进行分析。

2.5　本章小结

本章详细介绍了本书涉及的研究方法，包括一维多区域网络模型法、模型实验法、计算流体力学法、机器学习算法和基于非线性动力学的理论分析法。

主要内容如下：

（1）一维多区域网络模型法（LOOPVENT）小节，从基于回路的一维多区域网络模型出发，介绍了基于回路的网络模型法的基本概念，包括单元和节点的定义、虚拟单元的定义，介绍了整个模型的建立过程和算法框架，最后讨论了单元的划分对模拟计算结果的影响。

（2）模型实验法部分，主要是以本研究为背景，介绍了模型实验中涉及的相似比例尺、模型实验的仪器选择、实验装置的整体设计及测点布置，以及烟气可视化的实现。

（3）计算流体力学法小节，主要是以本书中所涉及的地下建筑热压通风为背景，介绍了为再现热压通风的多解现象的 CFD 二阶段模拟法，并对所涉及的以偏微分方程组为基础的数学模型描述进行了详细阐述。

（4）理论分析法小节，主要介绍了常微分方程中线素场（Direction Filed）、相图（Phase Portrait）和流体分支（Flow Bifurcation）的概念。介绍了关于如何利用非线性动力学的理论去分析热压通风多解的存在性、稳定性等问题。

第3章

地下建筑热压通风多解的形成机理分析

3.1 利用 LOOPVENT 求解某地下水电站厂房的热压多态性

对规模较大的地下建筑，热压是自然通风的主要动力。具有以下特性：

（1）是体现气流温度或密度分布的通风结果参数，又是通风流动的动力，与流动、传热过程的耦合关系复杂；

（2）具有很强的动态变化特性；

（3）热压分布具有“多态性”，即在同一条件下，地下建筑中的空气热压和流动的分布状态具有多种可能性。

某地下电厂，基本情况见表 3–1，利用本书 2.1 节介绍的 LOOPVENT，可建立如图 3–1 所示的网络关联图。假设其室外气温为 16℃时，通过改变初始状态，可得到如图 3–2 所示的多种热压及风量分布状态。图中热压用（$\rho_0-\rho_i$）gh 计算，即热压差的概念[43]，其中，ρ_0 和 ρ_i 分别为室外和建筑内部空气密度。

某地下电厂几何及热量参数　　表 3–1

单元	阻抗（10^{-4}kg/m）	高度（m）	热量（kW）
e1	3.664	–16.37	–198.498
e2	0.092	–3.38	–25.765
e3	1.135	–8.25	402.913
e4	0	0	554.760
e5	56.985	25.25	1258.018
e6	0	0	–52.982
e7	13.335	230	–117.050
e8	4.995	–4.03	–23.830
e9	1.314	0	350.447
e10	55.728	17.65	612.320
e11	5.978	11.55	72.726
e12	46.944	236.1	4.279
e13	0	–227.25	0
e14	0	–227.25	0

如图 3–2 所示，在相同的边界条件和几何条件下，通风模式有五种不同的情况。从计算结果可知，当某单元的节点仅与一进一出两个单元相连时，其单元将具有相同的流动方向，如 e2、e3、e4 和 e5。但当同一节点和三个以上单元相连时，与其相连的单元可能有相反的空气流动方向，如 e5、e6 和 e10。这种现象是由进出节点的质量流量守恒决定的。

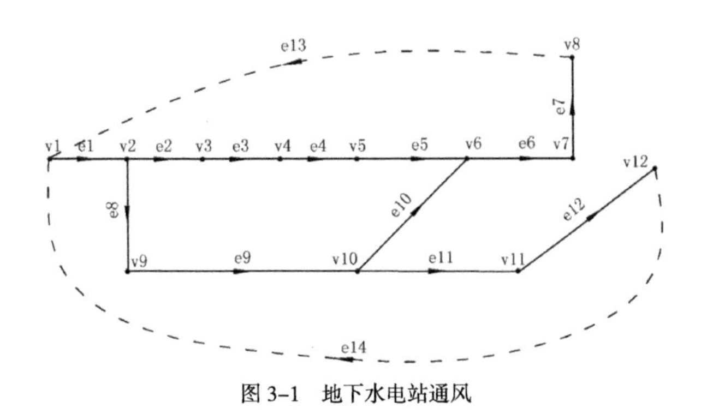

图 3-1　地下水电站通风

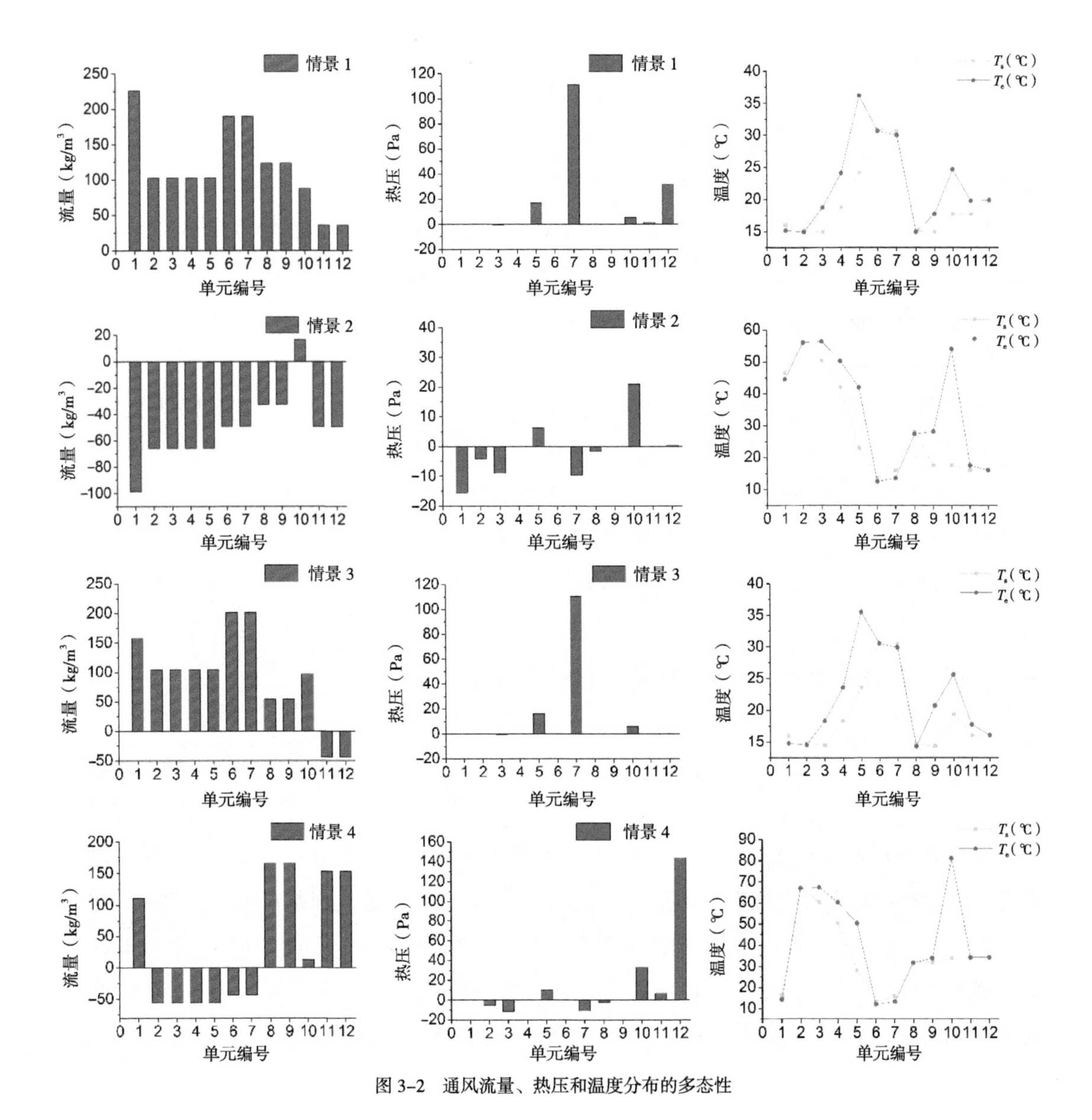

图 3-2　通风流量、热压和温度分布的多态性

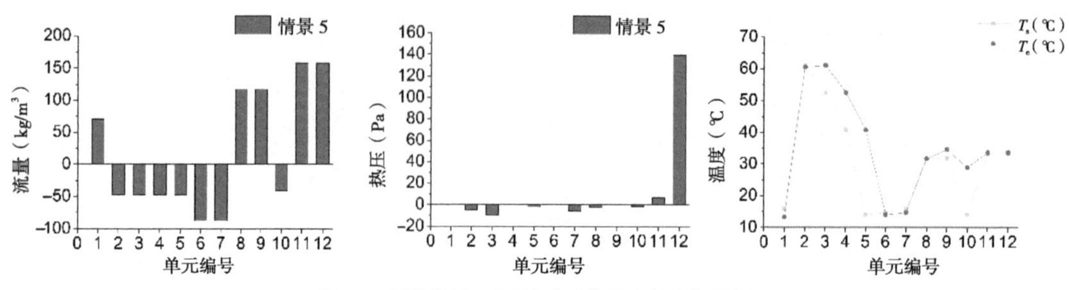

图 3–2　通风流量、热压和温度分布的多态性（续）

不同的压力分布会导致单元内部不同的热环境。自然通风是为了去除 e3、e4、e5、e9 和 e10 释放的热量。根据模拟结果，工况 1 和工况 3 中每个单元的内部温度都低于 40℃。然而，在工况 4 和工况 5 中，总空气质量流量超过 150kg/s，但室内空气温度最高却达到 60℃以上。由此可知，总空气流量不能作为排热效果的唯一指标。有大量热量的区域对通风量的需求量更大，通风量在各个区域的分布与需求的匹配情况更为重要。

从图 3–2 可以看出，根据热压的多态分布，不同情况下的气流速度分布不同。热压作为自然通风的驱动力，导致了不同的气流速度分布状态。同时，在相同热源分布下，不同的气流速度分布会导致不同的室内热压分布状态。热压的多态分布既是不同气流分布的原因也是其结果。

通常认为热压在地下空间分布是唯一的，但上述模拟结果表明，在相同的建筑几何结构、热源强度和边界条件下，热压可能存在多种分布状态。热压的多态分布，对应不同的气流分布，将形成不同的室内热环境。因此，需通过深入研究地下建筑热压通风可能存在的多稳态特性，引入独特的自然通风状态，避免不利的通风状态，从而加强自然通风，充分利用被动式技术，促进节能减排，并更好地指导高性能建筑的设计。

3.2　热压多态的形成过程及局部热源的影响分析

由前文可知，改变初始条件，利用一维多区域网络模型，可以求得复杂地下网络的自然通风的热压分布多态性。但是该方法仍具有其局限性：①该模型基于一维线性的温度分布假设，可能与空间的真实温度分布不同；②基于稳定状态下的热压分布计算，不能反映热压通风多解随时间变化的动态形成过程；③完全均匀混合假设，无法考虑局部热对流的影响。而对于一个典型地下建筑，当热源条件、几何条件及边界条件等已确定后，是如何达到最终状态的？热压通风多态的动态形成过程如何？为什么是其中一种状态而不是另一种？局部热源对热压通风多态的形成过程有何影响？研究以上问题需要利用能够模拟详细气流分布的 CFD 或模型实验法。

3.2.1　CFD模型建立

如图3–3所示，在相同的几何条件和边界条件下，单热源双开口地下建筑的气流分布有两种可能的情况，即左进右出和右进左出。状态1下，局部热源的热量将进入右边竖井，而状态2下，局部热源的热量将进入左边竖井。因此，即使具有相同的热源位置和热源强度，不同的气流分布将具有不同的热压分布。热压既是自然通风的驱动力，同时又是自然通风的结果参数。热压的分布与空气流动相互影响，表现出热压的动态漂移特性。与机械通风不同，热压的这种漂移的性质将可能导致图3–3所示的两种流动状态。

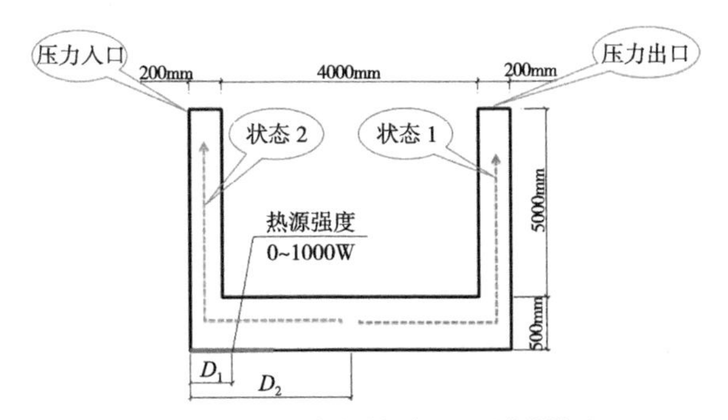

图3–3　具有两种流动状态的地下建筑模型

如图3–3所示（比例尺为1 ： 20），本书首先研究了典型地下水电站在二维平面下的热压分布规律。在局部热源作用下，对不同稳态解的发展过程进行了瞬态模拟，并采用一维数学模型对CFD模拟结果进行了验证。本书的目的是寻找一种能够识别地下建筑热压通风多稳态发展过程的方法，并进一步分析局部热源对地下建筑热压通风多态性的影响。

本书采用了有限体积法求解器（ANSYS Fluent 16.0 [185]）对地下建筑在浮力驱动下的自然通风进行了二维模拟研究。采用中心差分格式对质量守恒方程进行离散，引入QUICK算法对动量方程进行离散。本模拟采用了RNG $k-\varepsilon$模型，使用了标准壁面函数并开启了全浮力效应选型。采用Boussinesq近似法对空气密度的变化进行了预估。具体的边界条件设置如本书2.3.1节中的计算流体力学方法中所述。

为了确保计算的准确性，网格的划分需遵循一些基本原则。对于网格类型可以是四面体、六面体及其他形状的网格。但是对于网格划分时，尽量避免网格的扭曲或变形，如三角形网格应尽量使角度小于90°。特别是对流动梯度较大的区域更应注意网格质量，否则将增大截断误差甚至影响计算的收敛性。边界层第一层网格除了要满足y^+（y^+：壁面率，用于计算湍流模型，可根据y^+划分边界层第一个网格厚度）的要求，还要注意网格尽量平行或垂直边界表面。本案例中，由于几何形状比较规则，使用的是结构化网格，且网格质量较高。另外，为了保证仿真结果的准确性，进行了网格收敛性分析和时间步长独立性验证。网格收敛分析采用结构化网格，网格数分别设置为 10200、42000 和 63000，时间步长独立性测试采用 0.0625s、0.125s 和 0.25s 作为时间步长。测量了沿 y=0.06，x=0.1 和 x=4.3 上的若干点的速度。结果如图 3-4（a）和图 3-4（b）所示，粗网格与基础网格的差别明显，而细网格与基础网格的差别相对较小。因此，综合考虑准确度和时间成本，模拟中使用了 42000 个网格。如图 3-4（c）和图 3-4（d）所示，瞬态仿真选择 0.125s 作为时间步长，具有足够的计算精度。

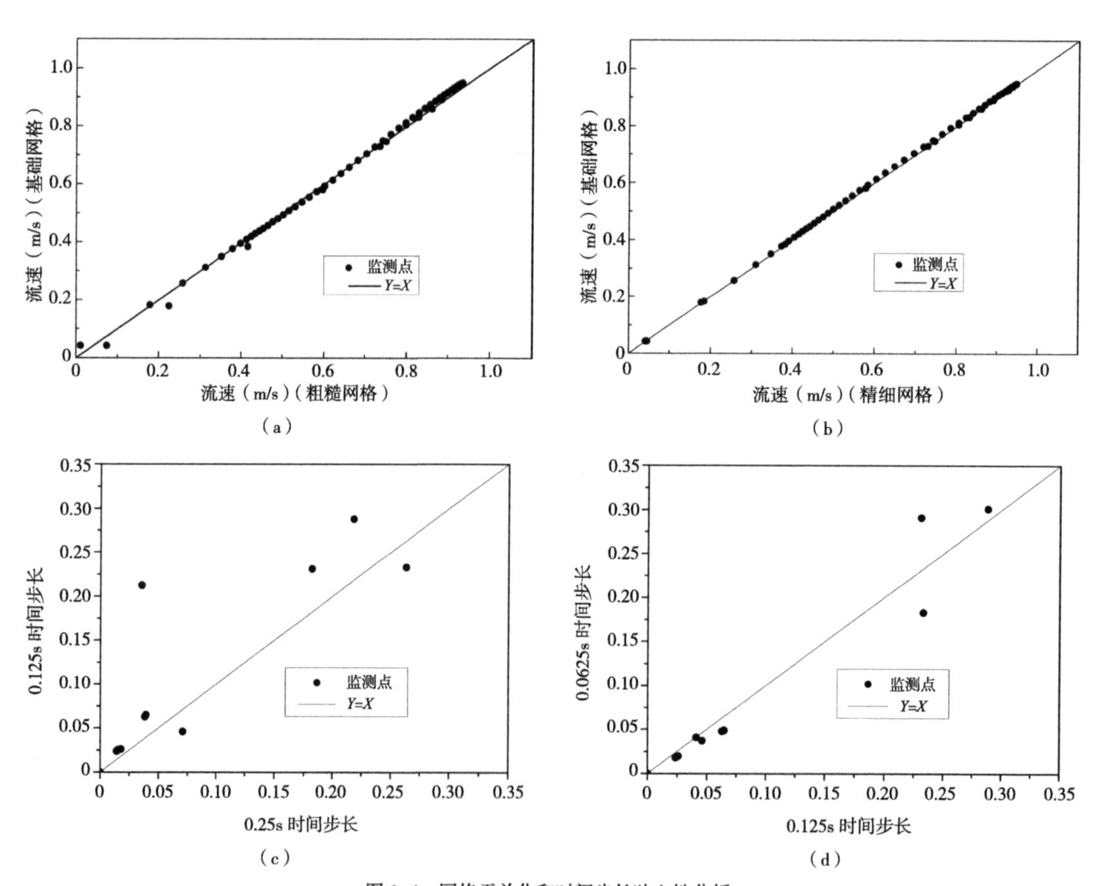

图 3-4　网格无关化和时间步长独立性分析

（a）粗网格与基础网格的流速比较；（b）细网格与基础网格的流速比较；（c）时间步长为 0.125s 与 0.25s 时的流速比较；（d）时间步长为 0.0625s 与 0.125s 时的流速比较

3.2.2　CFD 的验证与湍流模型的选择

首先利用分析法进行了验证，根据 Boussinesq 假设，只在热压计算（式 3-5）中考虑空气密度差，但在能量和连续性方程中，使用恒定空气密度。其压力平衡方程为：

$$P_t = SM^2 \tag{3-1}$$

其中，P_t 是回路的热压（Pa），S 是单元的质量流量阻抗（$kg^{-1} \cdot m^{-1}$）；M 是质量流量（kg/s）。

1. 能量平衡方程

$$E=M_1C_pT_1-M_0C_pT_0 \tag{3-2}$$

式中，E 是局部热源的对流换热散热率。T_0，T_1 为加热前后空气的温度。

2. 质量平衡方程

$$M_0=M_1=AV_0=AV_1 \tag{3-3}$$

3. 气体状态方程（Boussinesq 假设）

$$\frac{\rho_1-\rho_0}{\rho}=-\beta(T_1-T_0) \tag{3-4}$$

式中，ρ_0 是初始状态下空气的密度，ρ_1 是被加热后空气的密度。

4. 热压方程

热压主要由密度差引起。在该地下建筑中，P_t 是流动回路的热压（Pa），g 是重力加速度（m/s^2），h 是竖井的高度。

$$P_t=gh(\rho_0-\rho_1) \tag{3-5}$$

$$S=\frac{(\lambda\frac{l}{d}+\sum\xi)}{2A^2\rho_0} \tag{3-6}$$

其中，λ 为摩擦系数，l 是每个单元的长度（m），ξ 为局部摩擦阻力系数。根据式（3-1）~式（3-6），可获得 M 和 T_1 的表达式：

$$M=\sqrt[3]{\frac{E\beta\rho_0gh}{T_0S}} \tag{3-7}$$

$$T_1=\frac{E}{Mc_p}+T_0 \tag{3-8}$$

Yang 等人[186]利用模型实验对数值模拟的设置进行了验证，以评估双开口建筑中浮力驱动自然通风模拟设置的准确性。在此基础上，本书采用文献中的热压通风设置方法进行 CFD 模拟，并对仿真结果与第 2 部分建立的数学模型进行了比较。如表 3-2 所示，在第一次模拟的基础上计算了系统的质量流量阻抗系数，其中局部热源的放热功率为 1kW。阻抗计算方法如下：

$$S=\frac{\rho_0 gh\beta(T_1-T_0)}{M^2} \tag{3-9}$$

质量流量阻抗系数计算所对应的参数　表 3-2

ρ_0（kg/m^3）	β（1/K）	T_0（K）	T_1（K）	g（m/s^2）	h（m）	M（kg/s）	S
1.225	0.003	288	293.4292	9.81	5.5	0.18278	37.2933

通过对散热功率为 100W、200W、300W、400W、500W 的热源强度下热压通风的数值模拟和数学模型计算，比较了质量流量和出流温度，由图 3-5 可知，质量流量的相对误差在 6% 以内，出流温度的相对误差在 0.1% 以内，说明分析结果与 CFD 模拟结果吻合度较高。

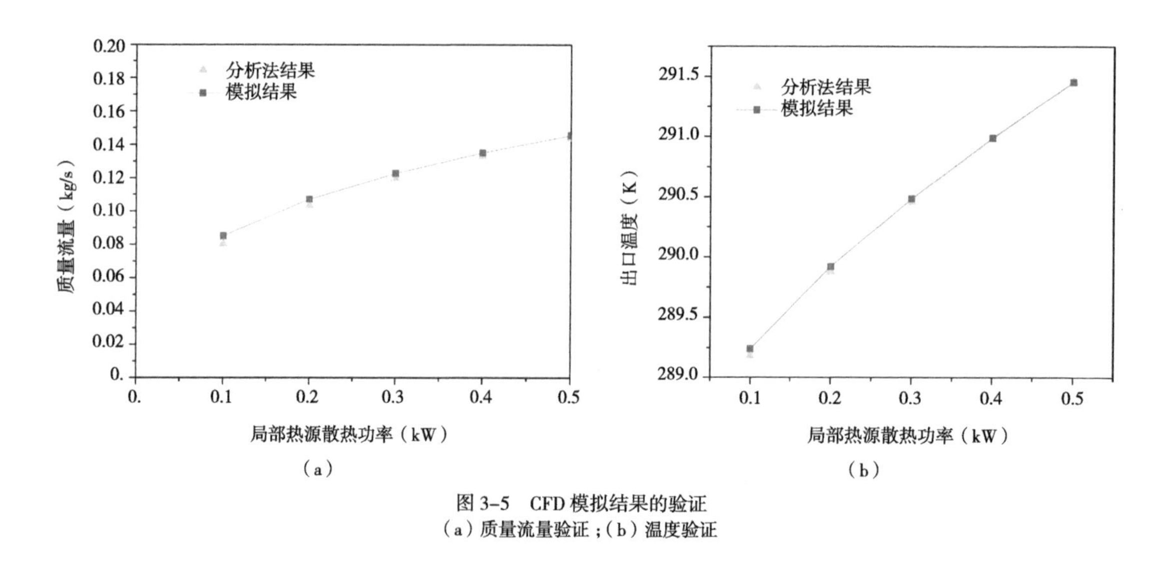

图 3-5　CFD 模拟结果的验证
（a）质量流量验证；（b）温度验证

利用模型实验对 CFD 模拟结果进行了验证。验证实验的设置见本书 2.2 节。如图 3-6 所示，出口温度在 5000s 左右达到稳定，约 6500s 时，机械风机继续运行 1min，然后撤去机械动力。这导致了流动方向的改变，从而实现了由流动状态 2 到流动状态 1 的转换。发生转换后，入口竖井温度与室外相比仍然较高，这是由于防火板释放的热量造成的。在 9000s 左右，空气温度达到稳定状态。图 3-6 显示了这两种稳定状态的发展过程。

如图 3-7 所示，烟雾被用来显示两个稳态之间的过渡与转换。本书进行了定性验证，以验证特定几何结构和热源配置中流动多解的存在。采用白烟示踪的方法可视化了两种状态下气流的运动情况，结果表明确实存在两种稳定流动状态。在图 3-7（a）中空气从左边竖井流入，从右边竖井流出，表现为状态 1（Realization 1）。而在图 3-7（b）中，可以看到烟气从左边的竖井流出，这说明气流的流向为从右边竖井进入，从左边竖井流出，表现为状态 2（Realization 2）。具体的流动路径如图中箭头所示。

以该模型的几何结构为基础，建立了三维 CFD 模型。该模型采用结构化网格，共有 529508 个单元，并对局部热源所在区域进行了局部网格加密。边界条件与上述二维模拟相同。几何和加热单元的尺寸与实验装置相同。使用了一个尺寸为 500mm × 400mm 的平面加热装置。

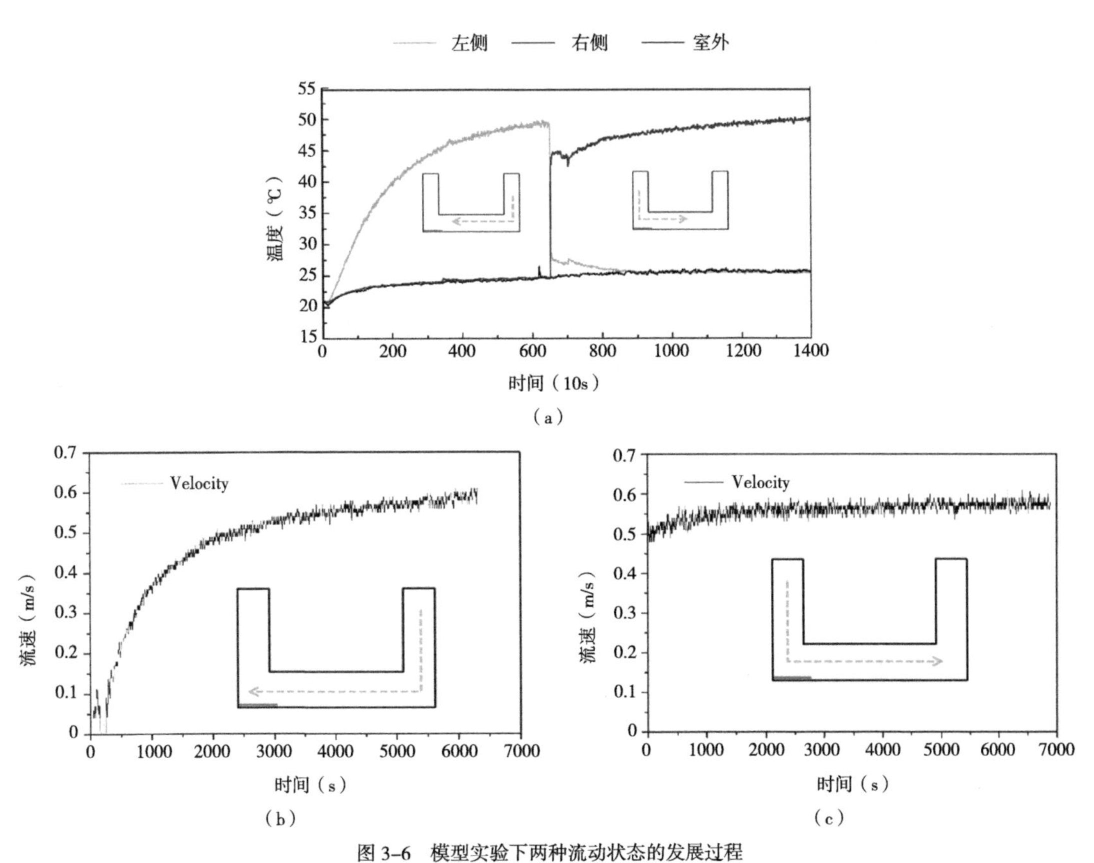

（a）

（b）　　　　（c）

图 3-6　模型实验下两种流动状态的发展过程

（a）进出口温度随时间的发展变化过程；（b）流动状态 2 的速度发展过程；（c）流动状态 1 的速度发展过程

实验结果表明，总功率为 1000W，有效对流换热功率为 170W，剩余热量通过壁面传导和辐射损失。由于本研究的重点是热压通风，主要是研究对流换热的影响，通过壁面的散热被剔除。同时，为了尽量减小辐射换热的影响，在热源的正上方加有一块挡板，从而防止热源表面温度过高。在模拟中，采用了恒定散热功率为 170W 的表面热源来模拟实际热源的散热效果。而由于墙壁的散热被扣除，模拟中用的是绝热的壁面边界条件。模拟结果表明，出口流速为 0.59m/s（标准 k–ε 模型）、0.62m/s（RNG k–ε 模型）和 0.65m/s（SST k–ω 模型），出

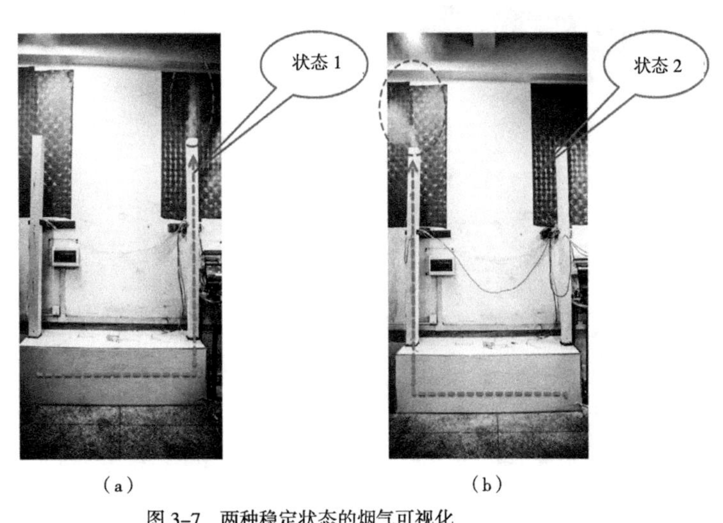

（a）　　　　（b）

图 3-7　两种稳定状态的烟气可视化

（a）状态 1；（b）状态 2

口平均温度为 53.3℃（标准 $k-\varepsilon$ 模型）、52.3℃（RNG $k-\varepsilon$ 模型）和 50.7℃（SST $k-\omega$ 模型）。与实验结果相比，实验测试的平均速度为 0.61m/s，出口温度为 52.6℃。流速的相对误差为 2.8%（标准 $k-\varepsilon$ 模型）、0.9%（RNG $k-\varepsilon$ 模型）和 6.4%（SST $k-\omega$ 模型）。温度的相对误差为 1.3%（标准 $k-\varepsilon$ 模型）、0.6%（RNG $k-\varepsilon$ 模型）和 3.6%（SST $k-\omega$ 模型）。对比可知，CFD 模拟与实验测试结果比较吻合。图 3-8 显示了 CFD 和实验结果之间的详细温度比较。可以发现，与标准模型 $k-\varepsilon$ 相比，RNG 模型更为精确。

关于湍流模型的选择，主要是基于以下原因才选择了 RNG 模型。首先，在计算消耗方面，$k-\omega$ 模型大于 $k-\varepsilon$ 模型。本研究中的传热边界比较光滑，$k-\varepsilon$ 模型已经可以较为准确地进行模拟。此外，在确定湍流模型前，阅读了大量的文献后，发现大部分热压通风的 CFD 模拟中采用了 $k-\varepsilon$ 模型 [119, 186]。而且上述 CFD 与实验结果的验证也表明，$k-\varepsilon$ 模型在该案例中更为准确。根据 Chen 等 [118] 的研究，许多研究人员测试了各种 RANS 模型对建筑物通风性能预测的准确性。这些研究得出结论，一个模型可以很好地处理某个案例，但在另一个案例中却更差，而 RNG $k-\varepsilon$ 模型的性能则相当稳定。综上所述，本书最终选择了 RNG $k-\varepsilon$ 模型。

根据实验的相关设定和仪器的精密程度，对实验数据的不确定性进行了估计。根据 ISO 标准 [187]，这些测量参数的标准不确定度如表 3-3 所示。

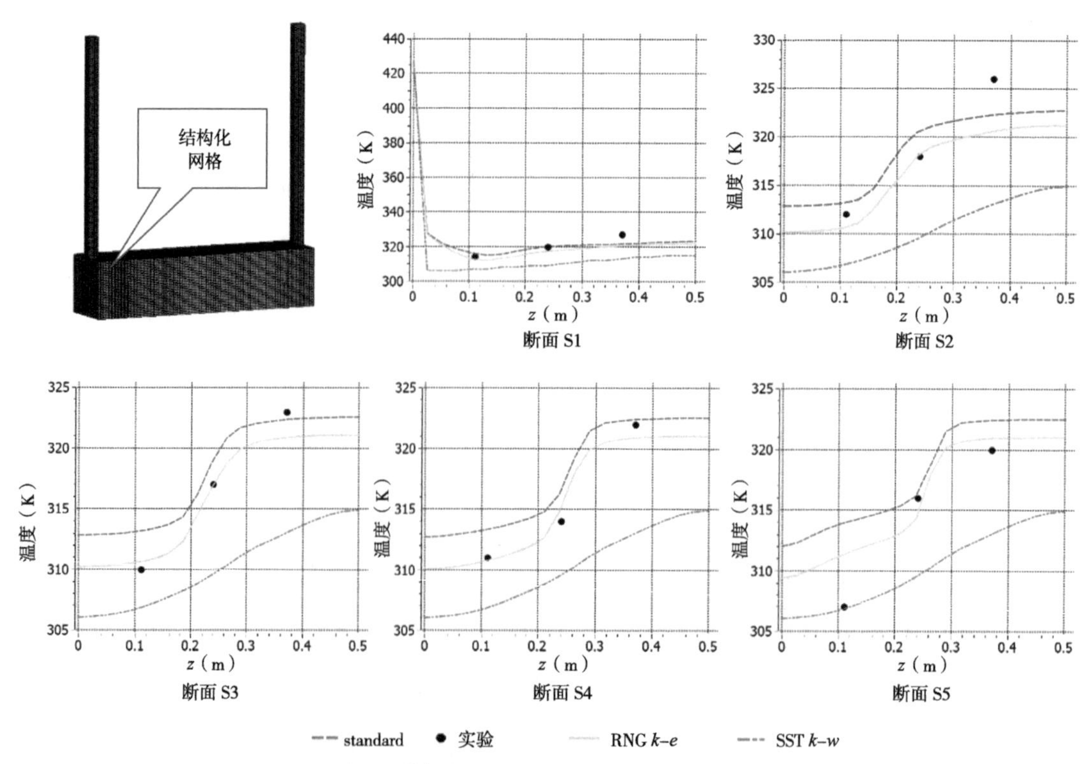

图 3-8 标准的结构化网格图和不同湍流模型与实验结果的对比

测量参数的不确定度　表 3-3

A 类不确定度				
参数类型		名义值	重复次数	不确定度
空气流速		0.61m/s	15	0.002m/s
出口温度		52.6℃	15	0.01℃
B 类不确定度				
参数类型	设备构件	信息来源	数值	不确定度
空气流速	多通道测速仪	校准证书	U=0.12m/s，$k=2$	0.06m/s
空气温度	数字化显示器	最大允许误差	±0.01℃	0.006℃
	数字记录器	最大允许误差	±1℃	0.6℃
	K 型热电偶	最大允许误差	±1.5℃	0.9 ℃

测量速度的组合标准不确定度为：

$$u_v=\sqrt{u_{\mathrm{A}}^2+u_{\mathrm{B}}^2}=\sqrt{(0.002)^2+(0.06)^2}=0.06\ \mathrm{m/s}$$

测量所有验证点的空气温度，计算每个点的 A 型标准不确定度，显示出口测量点的最大值为 0.01℃。由于同一设备被用来测量空气温度，对于每一个测量点 B 型标准不确定度是相同的。因此，测量空气温度的组合标准不确定度为：

$$u_T=\sqrt{u_{\mathrm{A}}^2+\sum_{i=1}^{3}u_{\mathrm{B}i}^2}=\sqrt{(0.098)^2+\left(\frac{1}{\sqrt{3}}\right)^2+\left(\frac{0.01}{\sqrt{3}}\right)^2+\left(\frac{1.5}{\sqrt{3}}\right)^2}=1.0\ ℃$$

3.2.3　稳态解

在稳态模拟中，假设壁面边界条件为绝热边界，并忽略了辐射换热的影响。采用 1kW 恒定散热功率模拟局部热源的浮力效应，室外温度假定为 288K，由模拟结果可知，流动状态 1 达到收敛后的空气质量流量为 0.16387kg/s，流动状态 2 的空气质量流量为 0.18278kg/s。如图 3-9（a）与图 3-9（c）所示，对于状态 1，气流由左侧竖井进入，经过底部空间，进入右边竖井排出。气流在左边竖井内充分发展，然后在左侧形成射流，进入底部区域，该射流受到正下面的局部热源所形成的局部浮力和地板处的局部阻力的阻碍作用，从而气流被碰撞弯曲。局部热源的热羽流被整体流动的射流所抑制，热量集中在房间的左侧角落，然后与从左侧竖井进入的新风混合。混合良好的气流进入房间的右侧，完全混合状态下的空气进入右侧竖井，右侧竖井形成热压，将热空气排入室外。如图 3-9（b）与图 3-9（d）所示，气流从地下建筑的右侧竖井进入，并在右侧竖井内充分发展。然后在房间的右侧形成射流，该射流受到地板处弯头的局部阻力的影响而弯曲变形。该气流温度保持不变，直到气流到达房间的

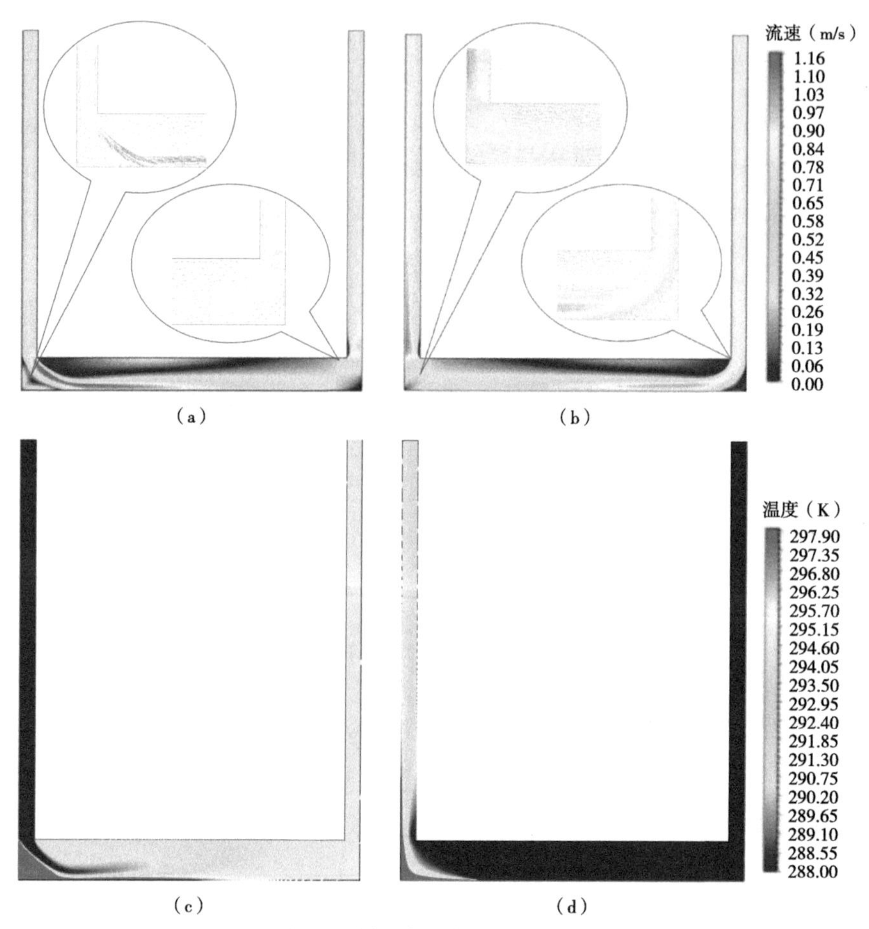

图 3–9 状态 1 与状态 2 的速度和温度云图
（a）状态 1 的速度云图；（b）状态 2 的速度云图；（c）状态 1 的温度云图；（d）状态 2 的温度云图

左侧，在左侧与局部热源所形成的热羽流混合，混合后的高温气流进入左侧竖井从而在左侧竖井内形成热压，房间整体的气流组织是置换通风。

由于模型的缩比比例为 1 ： 20，因此采用 0.06m 高度（实际原型的高度为 1.2m）的人员活动区高度处的温度进行分析。图 3–10（a）显示，状态 2 在人员活动区的空气温度为 288K，而状态 1 的空气温度为 291K。对于流动状态 1，气流在房间的左侧角落提前加热并充分混合。而对于流动状态 2，首先将气流引入人员活动区，然后由局部热源加热。因此，与流动状态 1 相比，流动状态 2 具有更好的室内热环境。热源上方的温度与其他地方相比相对较高，尤其是在房间的左侧角落，两种流动状态下的温度都在 330K 以上。但是，如图 3–10（b）所示，流动状态 2 热源的表面温度高于流动状态 1 热源的表面温度，这是由热源的表面传热强度和靠近局部热源的周围空气流动决定的。流动状态 1 以主流射流动量为主，射流动量方向与局部热羽流方向相反，热羽流被压制，低温室外空气直接冲刷局部热源；流动状态 2 以局部浮力羽流为主，室外空气由局部热源加热驱动。

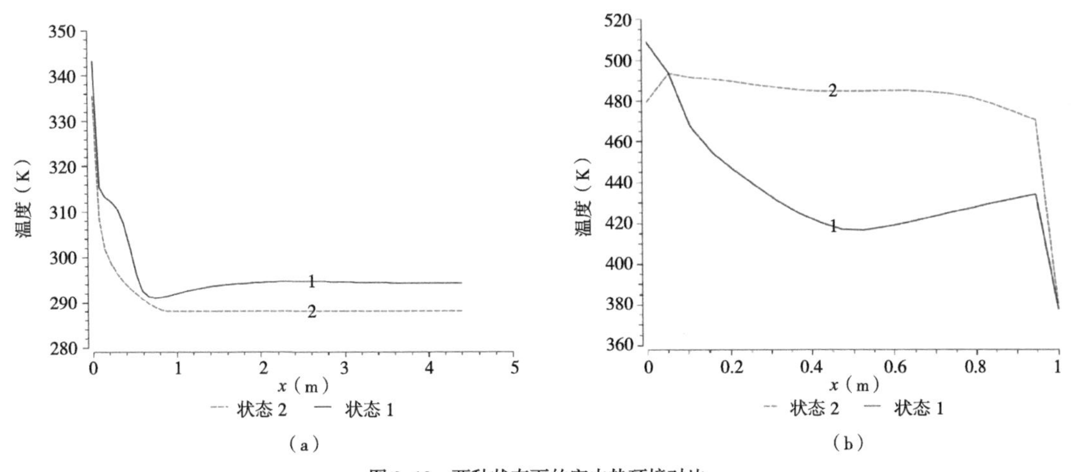

图 3-10 两种状态下的室内热环境对比
（a）两种状态下的 0.06m 高度处的温度分布对比；（b）两种状态下热源表面温度分布对比

3.2.4 稳态解的发展过程

通过改变热源强度、初始流速和热源位置对不同情况下的多稳态现象进行了大量的数值模拟。各参数的变化如下：热源强度变化范围为 0.1~10kW；初始速度变化范围为 0~1.64 m/s；热源位置由距离比（d_1/d_2）控制，变化范围为 0.2~1。

如图 3-11 所示，左侧竖井入口处给定初始速度为 0.75m/s，用于形成流动状态 1。0~30s 时，气流速度经历了一个逐步减小的过程，这是由于局部浮力羽流和流动阻力所引起的。同时，进出口空气温差缓慢上升，通风系统热压不断增强，努谢尔特数则出现了先增加后减少的波动。系统的摩擦力变化趋势则和入口的平均速度波动的趋势相同。30s 后，整体气流温度分布不均所形成的热压占主导地位，平均流速逐渐增大，65s 后达到顶点，系统壁面摩擦力也达到最大值。努谢尔特数也逐渐增大，表明对流换热强度增强。最后，室内空气的流速、温度、努谢尔特数和壁面摩擦力在 120s 左右达到稳定状态。

对于稳态 2，由局部热源产生的局部热对流与整体气流发展方向一致，气流速度在没有任何波动的情况下持续上升直到最高值。然而，在达到稳态之前，温差会发生波动。室内外最大温差为 10.2K，而状态 1 的值为 12.1K，包括气流、温度、努谢尔特数和壁面摩擦力在内的所有参数，在大约 60s 后达到相对稳定的水平。可以发现，状态 2 从发展到稳定的时间比状态 1 更短。这是由于初始气流和局部热源产生的浮力羽流之间相互加强，而没有动量之间的相互对抗。从图 3-8d 中的努谢尔特数的大小对比可知，与状态 1 相比，状态 2 的对流换热相对较弱。

3.2.5 临界初始速度

如果没有初始速度，在只受局部热羽流的影响时，气流将发展为流动状态 2。当入口有初始速度时，气流的最终状态将取决于初始状态的射流动量强度与局部热羽流动量强度之间的

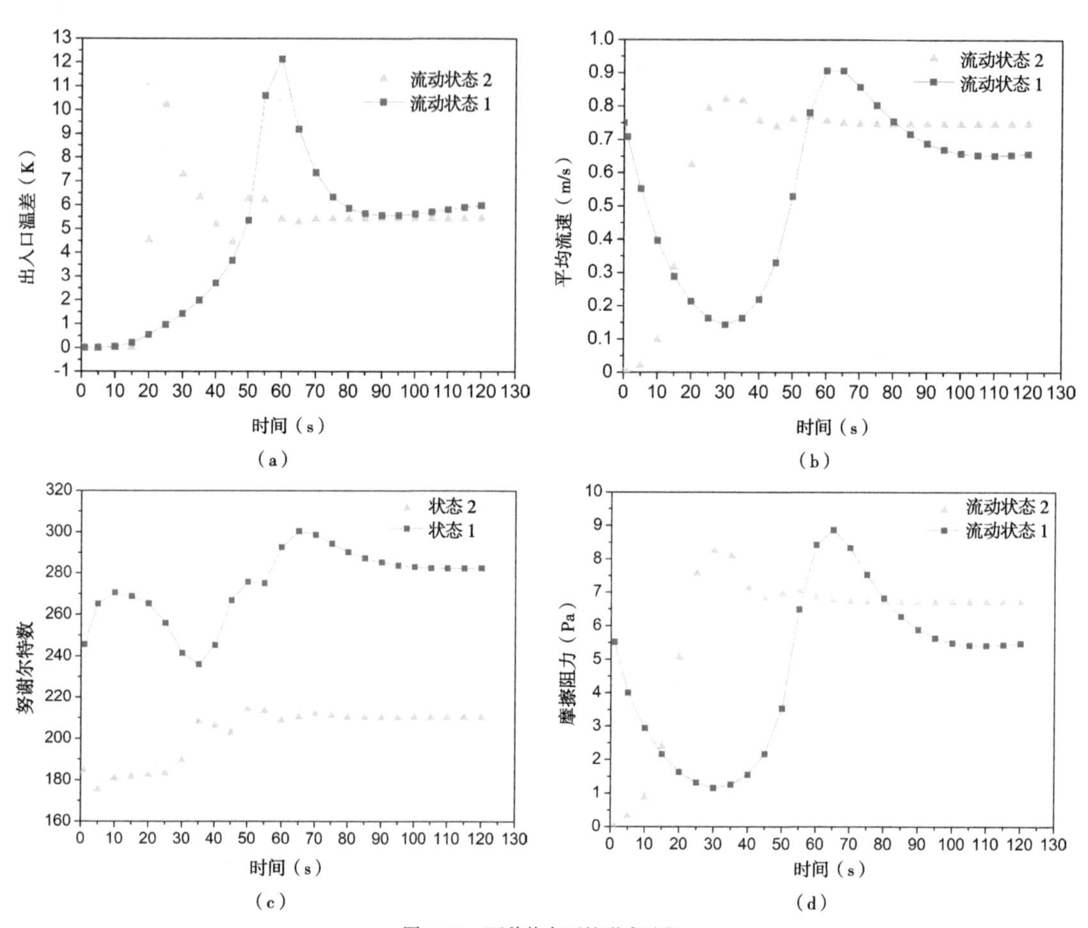

图 3-11　两种状态下的形成过程
（a）入出口温差的变化过程；（b）平均流速的变化过程；（c）努谢尔特数的变化过程；（d）壁面摩擦力的变化过程

对比。为了捕捉初始条件的临界值，制定了从 0.005m/s 到 1m/s 的不同初始进口速度。当初速度为 0.75m/s 时出现拐点，即临界速度。在这种特定的几何和边界条件下，热压通风的最终状态受局部热源和初始速度之间对抗的影响。为了描述局部热源在这一特定几何结构中的影响，将自由发展的最终流出速度引入作为一个综合速度。根据观测，综合速度值与临界速度比较接近。当热源位于室内最左侧角落时，系统的综合速度为 0.75m/s。低于该临界值的任何初始速度都将受到局部浮力羽流强度的影响，从而被逆转，形成自右侧竖井进入，左侧竖井流出的流动状态。

对抗过程如图 3-12 所示，局部浮力羽流在 5s 内达到图 3-12（a）所示的最高点，而在同一时间，图 3-12（b）中则是整体流动的射流动量占主导地位。在图 3-10（c）和 3-12（e）中，当局部热羽流强于初始射流强度时，高温气流从左侧流出，在左侧竖井中形成了热压。相反，在图 3-12（d）中，当初始射流强度大于局部热源产生的羽流动量时，高温气流进入右侧竖井，在右侧竖井形成热压，在 30s 时有高温气流从右侧竖井排出。一旦被加热的空气到达顶部开口，

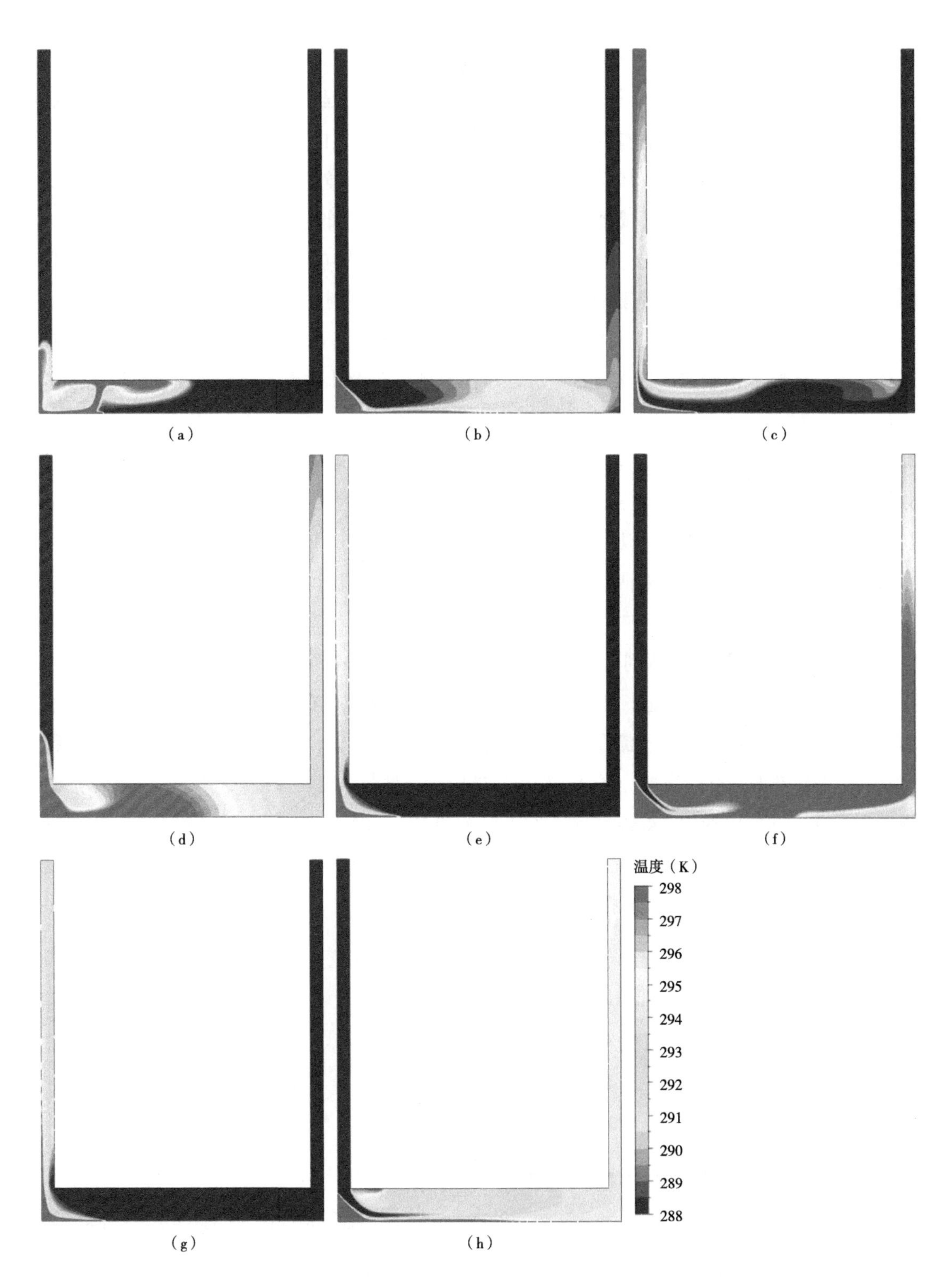

图3-12 流动状态1(b, d, f, h)和流动状态2(a, c, e, g)的瞬态模拟
(a)10s时速度云图(初始流速为0.1m/s);(b)10s时速度云图(初始流速为0.75m/s);(c)30s时速度云图(初始流速为0.1m/s);(d)30s时速度云图(初始流速为0.75m/s);(e)50s时速度云图(初始流速为0.1m/s);(f)50s时速度云图(初始流速为0.75m/s);(g)70s时速度云图(初始流速为0.1m/s);(h)70s时速度云图(初始流速为0.75m/s)

相应的竖井内的热压将占主导地位，并形成稳定的气流，如图 3-12（g）和 3-12（h）所示。如图 3-12（a）、图 3-12（d）、图 3-12（f）所示，在对抗过程中，热量可能会被困在室内，室内空气温度会在短暂时间增加 10℃以上。热量短暂聚集在室内，造成短时间室内温度过高，这将导致危险的室内热环境。在设计热压通风时，应注意避免这种临时室内局部过热的现象。必要时，可采用短期的辅助机械通风，从而缓解室内局部过热的情形。

如图 3-13（b）所示，通过改变局部热源的散热强度，从 0.1kW 增加到 1kW、10kW，自然对流强度随之增加，初始速度的临界值分别从 0.5m/s 提高到 0.75m/s、1.4m/s。图 3-13（a）显示了工况 1、工况 2 和工况 3 的平均出流速度分别为 0.33m/s、0.75m/s 和 1.64m/s。可以发现，三种工况下的临界初始速度都接近这些综合出流速度。在设计过程中，这些综合出流速度可通过本书 3.2.2 节中介绍的分析模型确定，利用该分析模型可求得的综合出流速度为 0.35m/s、0.75m/s 和 1.61m/s，这与通过 CFD 模拟获得综合出流速度相近，误差在可接受范围内。通过分析法先求解综合出流速度，再结合 CFD 扫描的方法，以综合出流速度为基准点，不断改变初始流速的大小，进行 CFD 模拟，判定流动方向是否发生逆转，从而确认临界初始速度的大小。这将提供一种更高效的方法来估计临界速度，结合 CFD 扫描法可以得到逆转时的临界初始速度的精确值。

如图 3-13（a）所示，达到稳定状态的时间约为 40s、60s 和 100s。较低的热源强度将需要花较长的时间达到稳定状态。如图 3-13（b）所示，当系统具有初始速度时，流动将首先经历一个速度下降过程，一旦气流在这个衰减过程中改变了方向，它将保持这个方向以达到稳定状态。随着热源强度的增加，气流达到稳定的时间将变长。对比曲线 0.1kW-0.4（表示热源强度为 1kW、初始流速为 0.4m/s 所对应的工况）、0.1kW-0.4、10kW-1.4 和 10kW-1.64，可以发现，不同的初速度对稳定状态的形成过程有影响，但对最终状态没有影响。初始值在一定范围下变化，系统仍然可以形成相同的稳定状态。

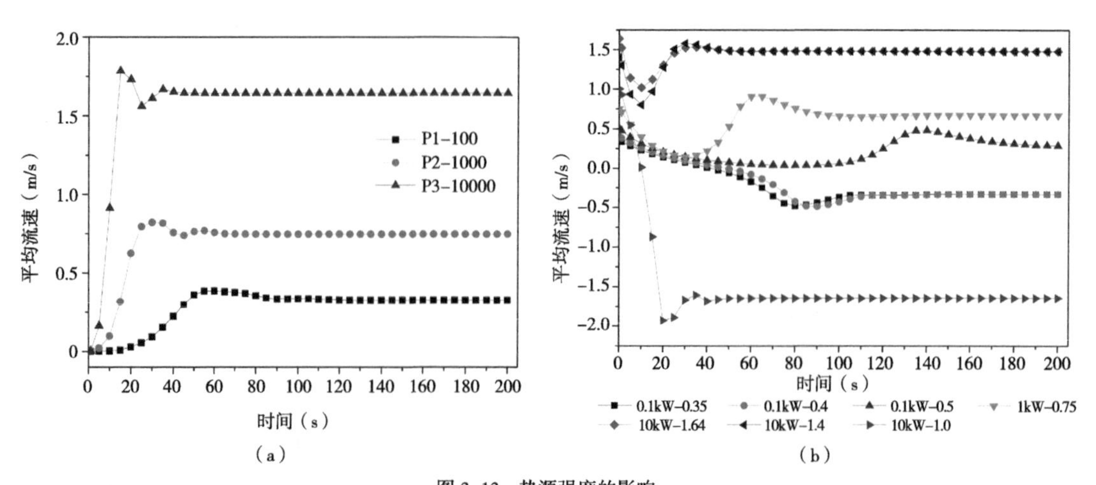

图 3-13　热源强度的影响

（a）初始流速为零时不同热源强度下流动的发展过程；（b）不同初始流速时不同热源强度下流动的发展过程

3.2.6　热源位置的影响

引入距离比（d_1/d_2）来描述局部热源的相对位置。图 3–14（a）表明，由于热源与左侧通风口之间的距离最短，越靠近角落的热源达到稳态的时间越短。在图 3–14（b）中，情况正好相反，因为气流流向右侧通风口。除曲线 L1–0.2 外，所有其他情况的形成稳态所需时间几乎相同。在图 3–14（b）中，曲线 L1–0.2 对应系统所达到稳定状态花费时间最长，平衡后的速度最低，为 0.67m/s。在该工况下，局部热源产生的动量方向与整体气流方向相反。局部热源起到局部热阻的作用。在其他情况下，主流气流与局部热源的动量方向是垂直的，局部热阻力的大小可以忽略不计。在设计过程中，可适当布置热源位置，以诱导有利的热压通风，避免产生不必要的局部热阻力。

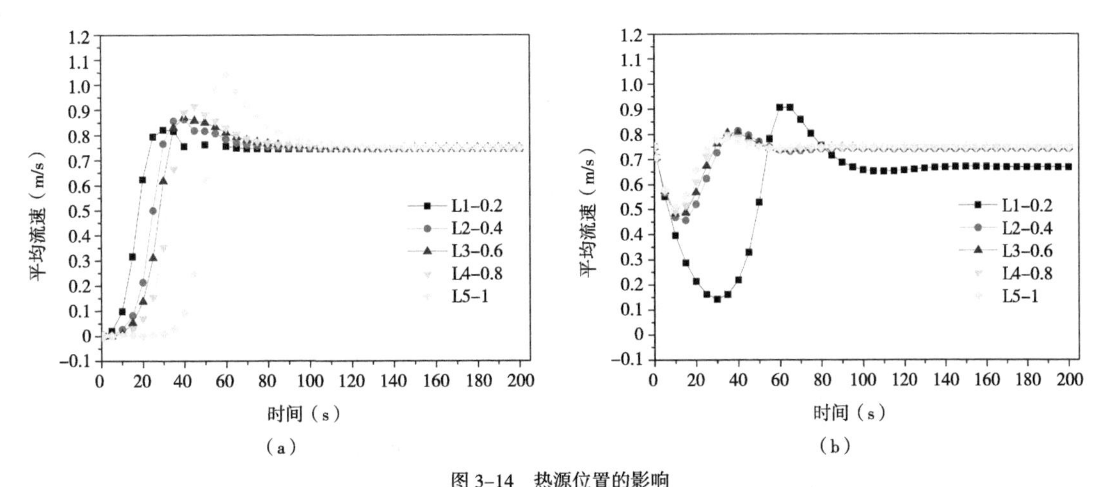

图 3–14　热源位置的影响

（a）不同热源位置对出流速度的发展过程的影响（状态 2）;（b）不同热源位置对出流速度的发展过程的影响（状态 1）

（注：以 L1–0.2 为例，L1 表示位置 1，0.2 表示距离比（d_1/d_2）为 0.2）

3.3　机器学习算法结合 CFD 对通风多解流动方向的判定

CFD 法具有一定的不足，例如每次需要进行几何建模、网格划分、前处理设置和计算机模拟及数据后处理工作。是否可以通过 CFD 模拟，获得通风流动的数据？通过这些数据训练机器学习模型，从而获得一些基于关键参数的多解判别模型。该机器学习模型只要已知关键参数，便可以对流向进行判定。与 CFD 模拟相比，更加简单直接，不需要大量的建模和调试工作，便于指导工程应用。

通过本章中已验证的 CFD 模型，改变关键参数如竖井的高度比、热源强度、初始流速的大小及局部热源的位置，可以获得相对应的通风流动状态。以该模拟数据作为训练数据集，再利用 MATLAB 中自带机器学习分类器，可以训练热压通风多解的判定模型，从而对地下热压通风的方向进行判定。

该机器学习问题的标准描述如下：对于某类任务 T 和性能度量 P，如果一个计算机程序在 T 上以 P 衡量的性能随着经验 E 而自我完善，可以称这个计算机程序在从经验 E 学习。

对于双开口的地下建筑热压通风的多解问题中流向判定：

（1）任务 T：识别和分类通风的流动方向。

（2）性能标准 P：分类的正确率。

（3）训练经验 E：已知分类的特定地下建筑的热压通风的数据库。

如图 3-15 所示，因为训练集中已知自然通风的最终流向，即属于已知标签的情况，所以采用的是有监督学习算法。其基本流程为学习算法读取训练数据，从而获得学习函数，然后利用所获得的函数对未来样本集进行测试。

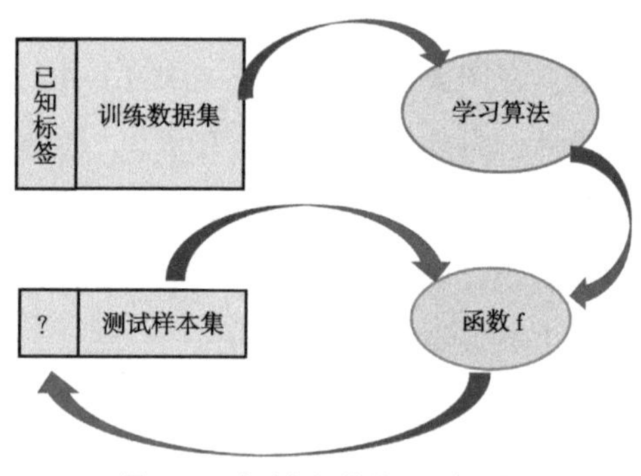

图 3-15　有监督机器学习基本途径

3.3.1　数据的收集与准备

以本书 3.2 节所提到的几何结构为基础，通过改变热源强度，改变左右竖井的相对高度，改变第一阶段的初始流动的速度大小，改变驱动热压通风的热源在底部的相对位置等。利用 MATLAB 控制 Fluent 软件，进行多个工况的模拟，产生相应的流动分布情况。MATLAB 控制 Fluent 的流程如图 3-16 所示。首先根据竖井高度比的差别分别划分网格，并做相应数值模拟设置，各条件的设置方法与本书 2.3 节相同。利用 MATLAB 读写 jou 文件。通过 jou 文件：①改变 Fluent 模拟中的关键参数包括竖井高度比、热源位置、初始流速和局部热源强度；②执行二阶段模拟法，并将运行结果及相应关键参数的值写入文本文件。

该问题是一个典型的多变量二分类问题。竖井的高度比、热源的相对位置、初始流速的大小及热源的强度为输入变量。所选的特征变量都是对最终流动的形成具有明显作用的输入变量。而最终达到稳定状态下流动的方向作为输出变量。其具体形式如表 3-4 所示。各输入参数：①竖井高度，左侧竖井高度从 1.5m 到 10.5m 逐步增加，变化间隔为 1m，右侧竖井保持 5.5m 不变；②热源强度变化，从 200W 到 4000W，变化间接为 200W；③初始流速 0.1m/s 到 1.4m/s，流动方向为从左侧竖井进入，右侧竖井流出，变化间隔为 0.1m/s；④热源位置，从最左侧角落到最右侧，变化间隔为 1m。共选择了 2758 组数据作为学习对象，首先对数据进行归一化（标准化）处理，再采用机器学习算法训练模型。

数据标准化主要是为了消除不同量纲和量纲单位对数据分析的影响，本节中采用的是离差标准化对数据进行线性化变换，使结果映射到 [0，1] 区间，

$$x^{*}=\frac{x-min}{max-min} \tag{3-10}$$

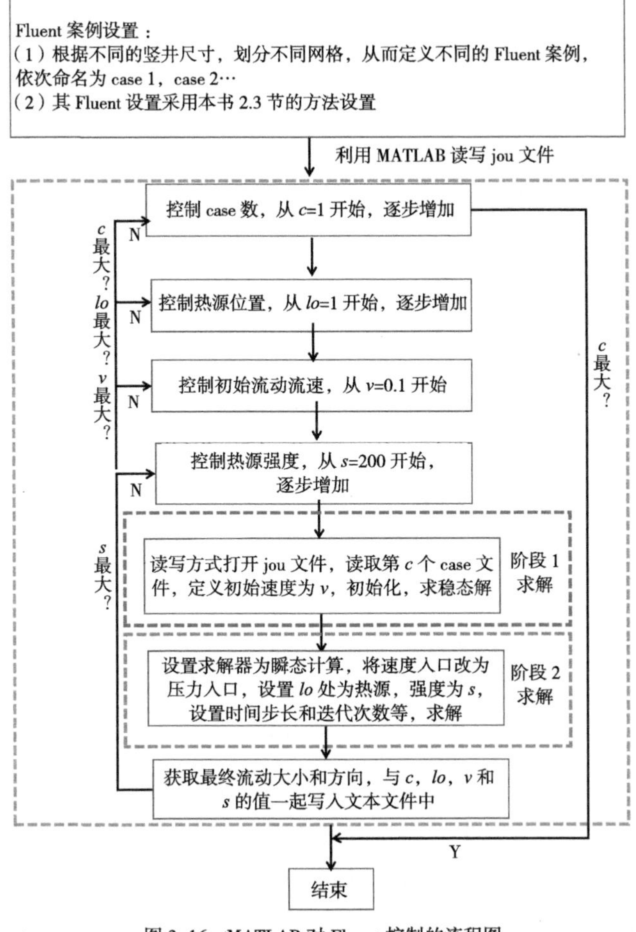

图 3–16　MATLAB 对 Fluent 控制的流程图

其中，*max* 为样本中某属性的最大值，*min* 为样本中某属性的最小值。

特征选择　　**表 3–4**

高度比（L_1/L_2）	热源位置（d_1/d_2）	初始流速	热源强度	是否转向
1.909	0.02439	0.1	200	‘yes’
1.909	0.02439	0.1	400	‘yes’
…	…	…	…	…

3.3.2　分类器算法的选择

如表 3–5 所示，各类分类器算法具有各自的特点，依赖于具体的需求，如速度、存储、灵活性、可解释性等，会有不同的选择。如果对于一个数据没有特别深刻的理解，或者特别适合的模型，最开始用户可以选择多种类型的分类器。通过综合比较不同分类算法的表现，从而得到最适合的分类算法。本小节中利用 MATLAB 自带机器学习分类器，选择了 MATLAB 中自带的 23 种机器学习分类模型[188]，对通风的流向进行预测。

不同分类器算法的特性对比[188]　　表 3-5

分类器种类	预测速度	内存需求量	解释性
决策树	快	小	容易
判别分析	快	小（线性）	容易
逻辑回归	快	中等	容易
支持向量机	中等（线性）、慢（其他）	中等（线性）	容易（线性）难（非线性）
K 近邻	中等	中等	较难
集成分类	取决于集成算法	取决于集成算法	较难

（注：K 为专有名词，一种机器学习算法的名称）

3.3.3　分类器预测结果

本书采用了 MATLAB 内嵌的 23 种机器学习分类模型，对通风流向进行预测，其预测的总体准确率如图 3-17 所示。可以看出三次支持向量机模型（Cubic SVM）对通风流向的预测准确率最高，其准确率为 98.7%，而子空间判别分析模型（Subspace Discriminant）对通风流向的预测准确率最低，其准确率为 90.5%。另外逻辑回归和 K 近邻算法的表现也高于 97%。

图 3-18 和图 3-19 分别为三次支持向量机模型（Cubic SVM）和子空间判别分析模型（Subspace Discriminant）的混淆矩阵。由图可知，三次支持向量机模型中气流方向保持不变的预测准确率达 99%，而气流方向发生逆转的预测准确率达 96%。而对于子空间判别分析模

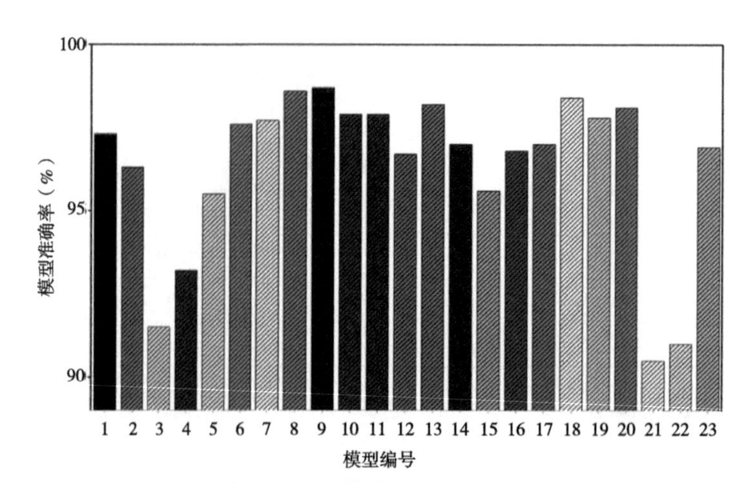

图 3-17　不同模型预测的准确率对比

1- 复杂决策树；2- 中等决策树；3- 简单决策树；4- 线性判别分析；5- 二次判别分析；6- 逻辑回归；7- 线性支持向量机；8- 二次支持向量机；9- 三次支持向量机；10- 精确高斯核支持向量机；11- 中等高斯核支持向量机；12- 粗略高斯核支持向量机；13- 精确 K 近邻；14- 中等 K 近邻；15- 粗略 K 近邻；16- 余弦 K 近邻；17- 三次 K 近邻；18- 加权 K 近邻；19- 增强树；20- 打包决策树；21- 子空间判别分析；22- 子空间 K 近邻；23-RUS 增强树

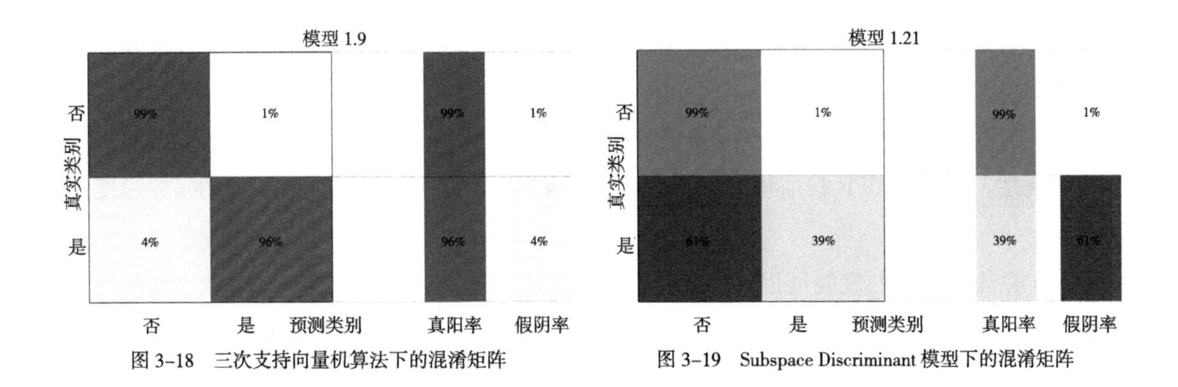

图 3-18　三次支持向量机算法下的混淆矩阵　　图 3-19　Subspace Discriminant 模型下的混淆矩阵

型，流动方向保持不变的判别准确率为 99%，但方向发生逆转的判别准确率只有 39%。因此，如果用子空间判别分析模型，容易把本应该发生流动方向逆转的流动判断成不发生逆转的流动。

最终，可以选择三次支持向量机模型（Cubic SVM）算法，输出训练好的模型，利用该输出模型，可以作为其他新样本的通风流动方向的判据。

3.4　本章小结

本章首先利用 LOOPVENT 对复杂地下建筑的热压分布多态性进行了模拟计算。然后，为了加深对热压通风多解的认识，通过数值模拟和缩比模型实验的方法分析了局部热源对地下空间热压通风多态性的影响。采用 CFD 瞬态模拟研究了初始条件对稳定流动的形成过程的影响。最后，利用 CFD 与机器学习算法相结合的方法，生成以初始流动速度、热源相对位置、竖井高度比及热源强度等关键参数为输入变量，以流动方向为输出变量的训练数据集。从而对热压通风多解进行判定。

得到的结论如下：

（1）利用 LOOPVENT 模型，通过改变初始状态，可以求解热压通风多解状态。但是不能解释热压通风多解形成的机理。

（2）通过模型实验和 CFD 计算展现了热压通风多态现象，证明热压通风多解确实存在。

（3）局部热源位于空间的一个角落而非中线位置时，尽管地下建筑的几何形状是对称的，可形成两种不同的流动状态。它们的通风流速、室内热环境和整体空气流量并不相同。

（4）局部热源附近的局部热对流，它既可以作为局部驱动力，也可以作为局部阻力，这取决于局部热羽流的方向和整体流动方向。当整体空气流动方向与局部热羽流方向相同时，局部热源将辅助整体流动。反之，局部热源将阻碍整体流动。

（5）当无外界扰量时，空气从静止的初始状态开始，整体气流倾向于沿着局部热源产生的热羽的方向流动。但大于一定强度初始速度可能会改变这种流动趋势，该速度称为临界初始速度。

（6）临界初始速度大小可以决定最终的流动状态，分析法可以确定临界速度的大致范围，缩小范围后，再通过 CFD 扫描法，可以确定不同自然对流强度（热源强度）下的临界速度的大小。

（7）在热压通风的发展过程中可能会出现临时热阱现象，即在短暂时间可能出现两边竖井热量都无法排出，而空间内温度持续上升的现象。在这一段时间内，可适当引入机械通风，以避免空间内温度过高。

（8）机器学习结合 CFD 模拟可以用来判定热压通风多解的流动方向。利用不同监督学习算法中 Cubic SVM 算法训练出的模型准确率最高。

第4章

地下建筑热压通风多解的存在性及稳定性分析

前面章节利用 CFD 法对双区域、双开口地下建筑的热压通风进行了计算。从初始状态到稳定状态进行了分析，如第 2 章所述，如何利用非线性动力学法对热压通风的多解进行研究？是否存在更加简单直接的方法？通过计算几个关键参数，则可以判定热压通风的多解是否存在，以及各流动状态是否稳定。

以第 3 章的双开口模型为基础，考虑具有双热源且左右竖井高度不同的情况，如图 4-1 所示，流动的两种状态分别为流动状态 1 和流动状态 2。把地下建筑按竖井分别划分为区域 1 和区域 2。根据多区域模型的原则，各个区域内按均匀混合考虑，其压力和温度等参数均相等。其中区域 1 的温度为 T_1，质量流量为 q_1，热质量为 M_1，质量流量阻抗系数为 S_1；区域 2 的温度为 T_2，质量流量为 q_2，热质量为 M_2，质量流量阻抗系数为 S_2。室内的局部热源的散热功率为 E_1 和 E_2。室外空气温度为 T_a，室外空气密度为 ρ_a。

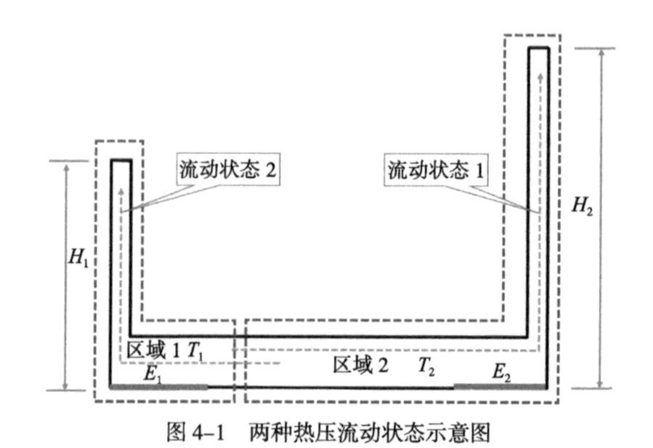

图 4-1　两种热压流动状态示意图

本章将从三种情形下，对热压通风的多解进行分析：①不考虑围护结构传热的单热源情形（$E_1 = E$ 和 $E_2 = 0$）；②考虑两区域都具有热源作用，且左右竖井等高的情形（$H_1 = H_2$）。③考虑两区域内热源强度相等，但是左右竖井高度比变化的情形（$E_1 = E_2$）。在此基础上，综合考虑竖井高度比和两区域内热源强度比同时变化的情形。以热源比和高度比为变化参数，寻求双区域、双开口地下建筑热压通风多解存在性和稳定性判据。

稳定性较好的通风状态，在扰量的作用下，状态不易发生变化。基于存在性和稳定性结果，本书 4.4 节讨论了风压作为扰量的作用对通风状态转换的影响。

4.1　单热源壁面绝热情况下的热压通风多解稳定性

4.1.1　单热源模型

1. 平衡态 1

质量守恒方程：

$$q_1 = q_2 \tag{4-1}$$

压力平衡方程：

流动状态 1 的情况下，区域 1 竖井的热压将阻碍流体流动，而区域 2 中竖井的热压将是流动的主要动力。因此其压力平衡方程如下：

$$-\frac{T_1-T_a}{T_a}\rho_a gH_1+\frac{T_2-T_a}{T_a}\rho_a gH_2=S_1q_1^2+S_2q_2^2 \tag{4-2}$$

能量守恒方程：

$$M_1C_p\frac{dT_1}{dt}=-q_1C_p(T_1-T_a) \tag{4-3}$$

$$M_2C_p\frac{dT_2}{dt}=-q_2C_p(T_2-T_1)+E \tag{4-4}$$

由式（4-1）与式（4-2）转换可知：

$$q_1=q_2=\sqrt{\frac{-\frac{T_1-T_a}{T_a}\rho_a gH_1+\frac{T_2-T_a}{T_a}\rho_a gH_2}{S_1+S_2}} \tag{4-5}$$

代入式（4-3）和式（4-4），最后转换成一组以温度变化与其他参数之间关系的二维非线性微分方程组：

$$M_1C_p\frac{dT_1}{dt}=-\sqrt{\frac{-\frac{T_1-T_a}{T_a}\rho_a gH_1+\frac{T_2-T_a}{T_a}\rho_a gH_2}{S_1+S_2}}\;C_p(T_1-T_a) \tag{4-6}$$

$$M_2C_p\frac{dT_2}{dt}=-\sqrt{\frac{-\frac{T_1-T_a}{T_a}\rho_a gH_1+\frac{T_2-T_a}{T_a}\rho_a gH_2}{S_1+S_2}}\;C_p(T_2-T_1)+E \tag{4-7}$$

该流动状态成立的先决条件为 $-\frac{T_1-T_a}{T_a}\rho_a gH_1+\frac{T_2-T_a}{T_a}\rho_a gH_2\geqslant 0$。

2. 平衡态 2

质量守恒方程：

$$q_1=q_2 \tag{4-8}$$

压力平衡方程：

流动状态 2 的情况下，区域 2 竖井的热压将阻碍流体流动，而区域 1 中竖井的热压将是流动的主要动力。因此其压力平衡方程如下：

$$\frac{T_1-T_a}{T_a}\rho_a gH_1-\frac{T_2-T_a}{T_a}\rho_a gH_2=S_1q_1^2+S_2q_2^2 \tag{4-9}$$

能量守恒方程：

$$M_1C_p\frac{dT_1}{dt}=-q_1C_p(T_1-T_2)+E \tag{4-10}$$

$$M_2 C_p \frac{\mathrm{d}T_2}{\mathrm{d}t} = -q_2 C_p (T_2 - T_a) \tag{4-11}$$

由式（4–8）与式（4–9）转换可知：

$$q_1 = q_2 = \sqrt{\frac{\frac{T_1 - T_a}{T_a}\rho_a g H_1 - \frac{T_2 - T_a}{T_a}\rho_a g H_2}{S_1 + S_2}} \tag{4-12}$$

代入式（4–10）和式（4–11），最后转换成一组以温度变化与其他参数之间关系的二维非线性微分方程组：

$$M_1 C_p \frac{\mathrm{d}T_1}{\mathrm{d}t} = -\sqrt{\frac{\frac{T_1 - T_a}{T_a}\rho_a g H_1 - \frac{T_2 - T_a}{T_a}\rho_a g H_2}{S_1 + S_2}}\, C_p (T_1 - T_2) + E \tag{4-13}$$

$$M_2 C_p \frac{\mathrm{d}T_2}{\mathrm{d}t} = -\sqrt{\frac{\frac{T_1 - T_a}{T_a}\rho_a g H_1 - \frac{T_2 - T_a}{T_a}\rho_a g H_2}{S_1 + S_2}}\, C_p (T_2 - T_a) \tag{4-14}$$

该流动状态成立的先决条件为 $-\frac{T_1 - T_a}{T_a}\rho_a g H_1 + \frac{T_2 - T_a}{T_a}\rho_a g H_2 < 0$。

4.1.2 单热源模型的稳定性和存在性分析

假设其热质量（thermal mass）M_1 与 M_2 为单位质量。C_p 的值也为 1。令 $\Delta T_1 = T_1 - T_a$，$\Delta T_2 = T_2 - T_a$，$\sqrt{\frac{\frac{\rho_a g H_1}{T_a}}{S_1 + S_2}} = n$，$\alpha = H_2/H_1$。为了更好地分析常微分方程组的性质，首先应对方程组进行线性化。以流动状态 1 为例，式（4–6）与式（4–7）中，

$$f_1(\Delta T_1, \Delta T_2) = \frac{\mathrm{d}\Delta T_1}{\mathrm{d}t} = -n\sqrt{\alpha\Delta T_2 - \Delta T_1}\,\Delta T_1 \tag{4-15}$$

$$f_2(\Delta T_1, \Delta T_2) = \frac{\mathrm{d}\Delta T_2}{\mathrm{d}t} = -n\sqrt{\alpha\Delta T_2 - \Delta T_1}\,(\Delta T_2 - \Delta T_1) + E_1 \tag{4-16}$$

式（4–15）与式（4–16）可写成其各自在点（$\overline{\Delta T_1}, \overline{\Delta T_2}$）处的泰勒展开形式：

$$f_1(\Delta T_1, \Delta T_2) = f_1(\overline{\Delta T_1}, \overline{\Delta T_2}) + \frac{\partial f_1}{\partial \Delta T_1}\Big|_{\substack{\Delta T_1 = \overline{\Delta T_1} \\ \Delta T_2 = \overline{\Delta T_2}}} (\Delta T_1 - \overline{\Delta T_1}) + \frac{\partial f_1}{\partial \Delta T_1}\Big|_{\substack{\Delta T_1 = \overline{\Delta T_1} \\ \Delta T_2 = \overline{\Delta T_2}}} (\Delta T_2 - \overline{\Delta T_2}) \tag{4-17}$$

$$f_2(\Delta T_1, \Delta T_2) = f_2(\overline{\Delta T_1}, \overline{\Delta T_2}) + \frac{\partial f_2}{\partial \Delta T_1}\Big|_{\substack{\Delta T_1 = \overline{\Delta T_1} \\ \Delta T_2 = \overline{\Delta T_2}}} (\Delta T_1 - \overline{\Delta T_1}) + \frac{\partial f_2}{\partial \Delta T_2}\Big|_{\substack{\Delta T_1 = \overline{\Delta T_1} \\ \Delta T_2 = \overline{\Delta T_2}}} (\Delta T_2 - \overline{\Delta T_2}) \tag{4-18}$$

在稳定状态下，温度将不随时间发生变化，$\frac{\mathrm{d}\Delta T_1}{\mathrm{d}t}$和$\frac{\mathrm{d}\Delta T_1}{\mathrm{d}t}$都为零。因此，$f_1(\overline{\Delta T_1}, \overline{\Delta T_2}) = 0$，

$f_2(\overline{\Delta T_1}, \overline{\Delta T_2})=0$。令 $\alpha_{11}=\frac{\partial f_1}{\partial \Delta T_1}\Big|_{\substack{\Delta T_1=\overline{\Delta T_1}\\ \Delta T_2=\overline{\Delta T_2}}}$，$\alpha_{12}=\frac{\partial f_1}{\partial \Delta T_2}\Big|_{\substack{\Delta T_1=\overline{\Delta T_1}\\ \Delta T_2=\overline{\Delta T_2}}}$，$\alpha_{21}=\frac{\partial f_2}{\partial \Delta T_1}\Big|_{\substack{\Delta T_1=\overline{\Delta T_1}\\ \Delta T_2=\overline{\Delta T_2}}}$，

$\alpha_{22}=\frac{\partial f_2}{\partial \Delta T_2}\Big|_{\substack{\Delta T_1=\overline{\Delta T_1}\\ \Delta T_2=\overline{\Delta T_2}}}$，则式（4–17）和式（4–18）可写成，

$$f_1(\Delta T_1, \Delta T_2)=\alpha_{11}(\Delta T_1-\overline{\Delta T_2})+\alpha_{11}(\Delta T_2-\overline{\Delta T_2}) \tag{4–19}$$

$$f_2(\Delta T_1, \Delta T_2)=\alpha_{21}(\Delta T_1-\overline{\Delta T_1})+\alpha_{22}(\Delta T_2-\overline{\Delta T_2}) \tag{4–20}$$

写成矩阵形式：

$$\begin{bmatrix}\frac{\mathrm{d}\Delta T_1}{\mathrm{d}t}\\ \frac{\mathrm{d}\Delta T_2}{\mathrm{d}t}\end{bmatrix}=A_1\begin{bmatrix}\Delta T_1\\ \Delta T_2\end{bmatrix}+B \tag{4–21}$$

其中，$A_1=\begin{bmatrix}\alpha_{11} & \alpha_{12}\\ \alpha_{21} & \alpha_{22}\end{bmatrix}$，$B=\begin{bmatrix}-\alpha_{11}\overline{\Delta T_1}-\alpha_{12}\overline{\Delta T_2}\\ -\alpha_{21}\overline{\Delta T_1}-\alpha_{22}\overline{\Delta T_2}\end{bmatrix}$。

对于平衡态 1，式（4–15）与式（4–16）的平衡解为：

$$\overline{\Delta T_1}=0,\ \overline{\Delta T_2}=\frac{E_1^{2/3}}{n^{2/3}\alpha^{1/3}} \tag{4–22}$$

利用式（4–17）与式（4–18），将式（4–15）与式（4–16）线性化，

$$\alpha_{11}=-n\sqrt{\alpha\overline{\Delta T_2}},\ \alpha_{11}=0,\ \alpha_{21}=\frac{n\Delta T_2}{2\sqrt{\alpha\overline{\Delta T_2}}}+n\sqrt{\alpha\overline{\Delta T_2}},\ \alpha_{22}=-\frac{n\alpha\Delta T_2}{2\sqrt{\alpha\overline{\Delta T_2}}}-n\sqrt{\alpha\overline{\Delta T_2}} \tag{4–23}$$

$\alpha_{12}=0$，可知该微分方程组的特征值为 α_{11} 和 α_{22}。由于 $\alpha_{11}<0$，$\alpha_{22}<0$，且该对特征值为大小不等的负实数。根据微分方程组的性质可知式（4–15）与式（4–16）对应的微分方程组具有稳定的结点 [189]，即平衡状态 1 存在且稳定。

对于平衡状态 2，

$$f_3(\Delta T_1, \Delta T_2)=\frac{\mathrm{d}\Delta T_1}{\mathrm{d}t}=-n\sqrt{\Delta T_1-\alpha\overline{\Delta T_2}}\,(\Delta T_1-\Delta T_2)+E_1 \tag{4–24}$$

$$f_4(\Delta T_1, \Delta T_2)=\frac{\mathrm{d}\Delta T_2}{\mathrm{d}t}=-n\sqrt{\Delta T_1-\alpha\overline{\Delta T_2}}\,\Delta T_2 \tag{4–25}$$

求解式（4–24）与式（4–25），其平衡解为：

$$\overline{\Delta T_1}=\frac{E_1^{2/3}}{n^{2/3}},\ \overline{\Delta T_2}=0 \tag{4–26}$$

将式（4–24）与式（4–25）线性化可以得：

$$\alpha_{11}=-\frac{3n\sqrt{\Delta T_2}}{2},\ \alpha_{12}=n\sqrt{\overline{\Delta T_1}}+\frac{n}{2}\alpha\sqrt{\overline{\Delta T_1}},\ \alpha_{21}=0,\ \alpha_{22}=-n\sqrt{\overline{\Delta T_1}} \tag{4–27}$$

$\alpha_{21}=0$，可知该微分方程组的特征值为 α_{11} 和 α_{22}。由于 $\alpha_{11}<0$，$\alpha_{22}<0$，且大小不等。根据微分方程组的性质可知式（4–25）与式（4–26）对应的微分方程组具有稳定的平衡解，即平衡状态 2 存在且稳定。

即使不直接求解特征值，利用特征方程，可以证明，状态 1 和状态 2 各自具有一个稳定的平衡解。容易得到，状态 1 的特征方程为：$\lambda^2+\frac{5n\sqrt{\alpha\overline{\Delta T_2}}\lambda}{2}+\frac{3}{2}n^2\alpha\overline{\Delta T_2}=0$，令 $\beta=\frac{5n\sqrt{\overline{\Delta T_1}}}{2}$，$\lambda=\frac{3}{2}n^2\overline{\Delta T_1}$。微分方程组的特征值为 $\lambda_{1,2}=-\beta\pm\sqrt{\beta^2-4\gamma}$。$\alpha\overline{\Delta T_2}>0$ 且 $n>0$，因此，$\gamma=\frac{3}{2}n^2\alpha\overline{\Delta T_2}>0$。故 $\lambda_{1,2}$ 由 β 的实部决定。又因为 $-\beta=-\frac{5n\sqrt{\alpha\overline{\Delta T_2}}}{2}<0$ 恒成立，所以两个特征值恒小于零，因此，状态 1 恒定具有一个稳定的平衡解。

状态 2 的特征方程为 $\lambda^2+\frac{5n\sqrt{\overline{\Delta T_1}}\lambda}{2}+\frac{3}{2}n^2\overline{\Delta T_1}=0$，或 $\beta=\frac{5n\sqrt{\overline{\Delta T_2}}}{2}$，$\gamma=\frac{3}{2}n^2\overline{\Delta T_2}$，微分方程组的特征值为 $\lambda_{1,2}=-\beta\pm\sqrt{\beta^2-4\gamma}$。$\overline{\Delta T_1}=\frac{E_1^{2/3}}{n^{2/3}}>0$ 且 $n>0$，因此，$\gamma=\frac{3}{2}n^2\overline{\Delta T_1}>0$。故 $\lambda_{1,2}$ 由 β 的实部决定。又因为 $-\beta=-\frac{5n\sqrt{\overline{\Delta T_1}}}{2}<0$ 恒成立，所以两个特征值恒小于零，因此，状态 2 恒定具有一个稳定的平衡解。

通过以上分析求得在双开口地下建筑壁面绝热的情况下，得到了单个热源驱动下，热压通风两组平衡解，即式（4–22）和式（4–26）。并利用常微分方程特征值对两种平衡状态的存在性及稳定性进行了判定，得出只要局部热源强度不为零，两边竖井高度不为零的情况下，两种平衡状态恒定存在且稳定。

4.1.3 单热源模型的数值求解及图形可视化分析

假定各常数的设置与第 3 章 CFD 模拟相似，而左边竖井高度降低 2m。室外温度取 288K，室外空气密度取 1.225kg/m³，C_p 为 1.0kJ/（kg · K），E 为 1kW，H_1 为 3.5m，H_2 为 5.5m，S_{1+2} 为 37.2933kg^{-1} · m^{-1}，重力加速度 g 为 9.81m/s²。

将以上各参数代入式（4–15）与式（4–16），可求得平衡态 1 的两区域与室外的平均温差分别为 $\Delta T_1=0$℃，$\Delta T_2=5.457$℃。利用式（4–17）和式（4–18）对状态 1 的非线性常微分方程组进行线性化可得：

$$f_1(\Delta T_1,\ \Delta T_2)=-0.183\,\Delta T_1 \tag{4–28}$$

$$f_2(\Delta T_1,\ \Delta T_2)=0.275\,\Delta T_1-0.275\,(\Delta T_2-5.457) \tag{4–29}$$

由式（4–28）与式（4–29）可知，$A_1=\begin{bmatrix}-0.183 & 0\\ 0.275 & -0.275\end{bmatrix}$，可知其特征值分别为 –0.275 和 –0.183，故该常微分方程组含有两个非零且不等的负实数特征值。故该平衡解为稳定解。

根据式（4–28）和式（4–29），利用 Mathematica 软件，可求得状态 1 下的线素场（Vector

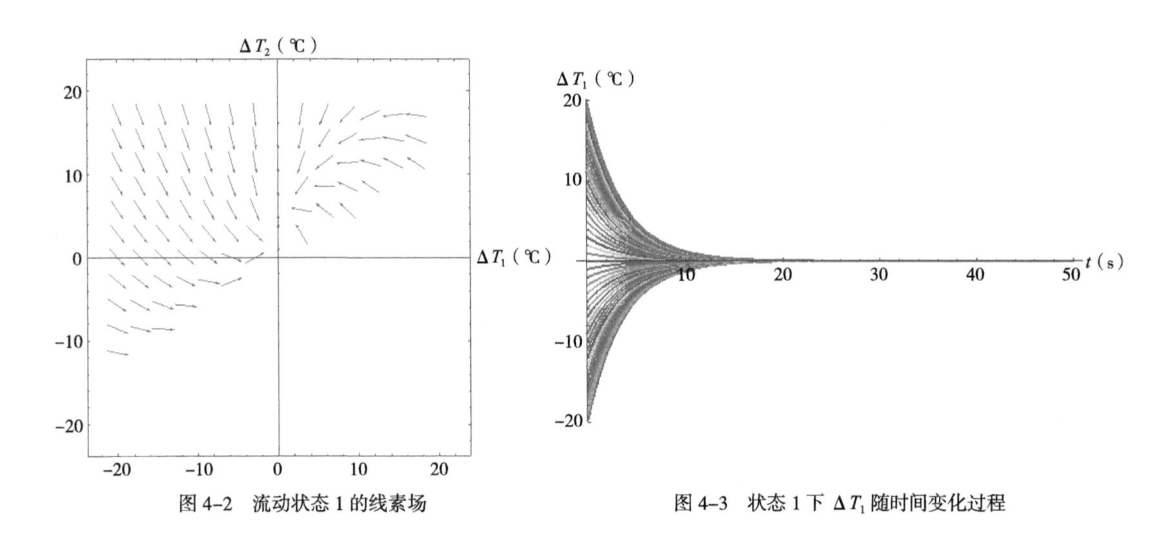

图 4-2　流动状态 1 的线素场　　图 4-3　状态 1 下 ΔT_1 随时间变化过程

Field)。由图 4-2 可知，在 $-\dfrac{T_1-T_a}{T_a}\rho_a gH_1+\dfrac{T_2-T_a}{T_a}\rho_a gH_2>0$ 的区域内，线素场的方向趋向于点（0，5.457）。该点为流动达到稳定状态后状态 1 的室内外温差（$\overline{\Delta T_1}$, $\overline{\Delta T_2}$）。从图中向量的方向可知，当$\overline{\Delta T_1}$为零时，$\overline{\Delta T_2}$沿着竖直方向逼近平衡点。

图 4-3 表述了不同的初始温差情况下，区域 1 的温差发展变化过程，可以发现在不同的初始温差情况下，最终区域 1 的温差都趋于 0。因为在状态 1 下，室外空气流经区域 1，再经过局部热源加热，温度升高后再进入区域 2。所以在达到稳定状态后，区域 1 与室外温差值为 0。另外，从温差的发展过程可知，经过时间 50s 后，流动已经趋于稳定状态，因为温差几乎不发生变化。达到稳定状态所需时间比较短，主要是假定了系统的热质量为单位质量。

图 4-4 为 ΔT_2 随时间的变化过程，在该图中，ΔT_2 取的是恒定的初始温差，但其趋向稳定状态的过程中，温差的发展曲线并不相同。因为区域 1 的温差 ΔT_1 的变化，会影响区域 2 的温差 ΔT_2 的变化。ΔT_1 的初始值不同，即使在 ΔT_2 的初始值相同的情况下，ΔT_2 的发展路径却不同。在物理过程中可以解释为，当区域 1 与室外温差不同时，区域 1 趋向稳定状态的过程不同，而区域 1 的气流与室外空气混合后才进入区域 2，所以区域 2 的温度变化将受到区域 1 的温度变化影响。实际上，区域 1 与区域 2 的温度变化过程不应该单独分析，它们相互影响，因此需要了解该动力系统的发展过程，需要同时描述两个区域的温度的变化过程。这个可以通过相图中的不同轨线的发展过程来进一步描绘。而此处与相图不同，它描绘了各自温差随时

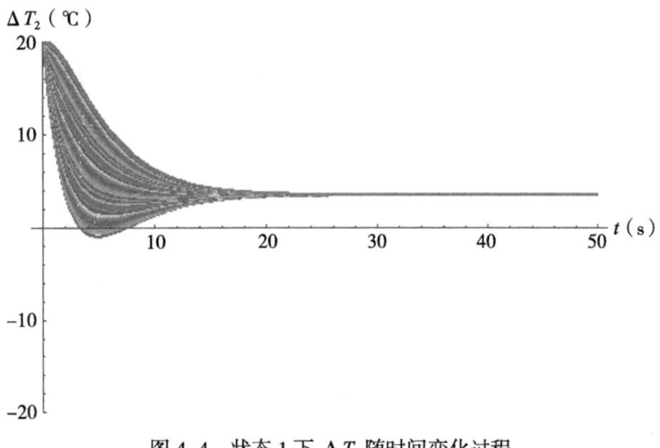

图 4-4　状态 1 下 ΔT_2 随时间变化过程

间的变化过程，而在相图中只有两个区域温差的相对变化路径，并没有考虑发展路径所需时间。

状态 2 的方程线性化与状态 1 类似，平衡态两区域温差分别为 $\Delta T_1 = 5.457$℃，$\Delta T_2 = 0$℃。式（4–24）与式（4–25）可转换为如下线性方程组：

$$f_3(\Delta T_1, \Delta T_2) = -0.275(\Delta T_1 - 5.457) + 0.275\Delta T_2 \tag{4–30}$$

$$f_4(\Delta T_1, \Delta T_2) = -0.183\Delta T_2 \tag{4–31}$$

由式(4–30)与式(4–31)可知，$A_1=\begin{bmatrix}-0.275 & 0.275\\ 0 & -0.183\end{bmatrix}$，可知其特征值分别为 –0.275 和 –0.183，故该常微分方程组含有两个非零且不等的负实数特征值。故该状态具有一个稳定解。

根据式（4–30）和式（4–31），可求得状态 2 下的线素场（Vector Field），区域 1 与区域 2 室内外温差的初始值范围在（–20℃，20℃）。由图 4–5 可知，在 $-\frac{T_1-T_a}{T_a}\rho_a g H_1+\frac{T_2-T_a}{T_a}\rho_a g H_2<0$ 的区域内，线素场的整体方向趋向于点（5.457，0）。该点为流动达到稳定状态后状态 2 的室内外温差（$\overline{\Delta T_1}, \overline{\Delta T_2}$）。从图中向量的方向可知，当 ΔT_2 为零时，ΔT_1 沿着水平方向逼近平衡点。

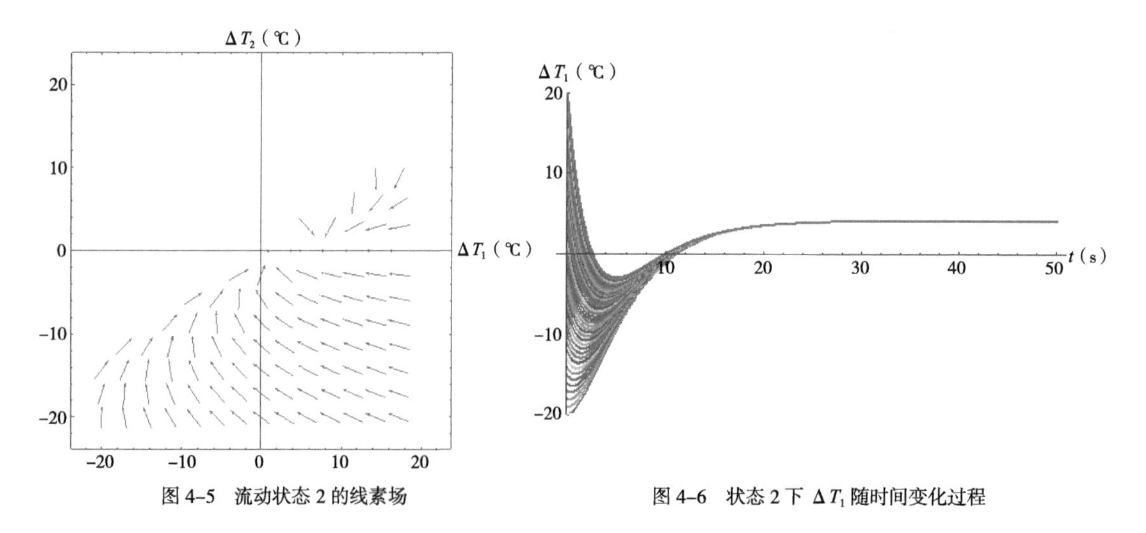

图 4–5 流动状态 2 的线素场

图 4–6 状态 2 下 ΔT_1 随时间变化过程

图 4–6 表述了状态 2 下，区域 1 室内外温差 ΔT_1 随时间的发展变化过程。可以看出，在不同的初始温差情况下，最终区域 1 的温差都趋于固定值 5.457。在状态 2 下，室外空气流经区域 2，再经过局部热源加热，温度升高后再进入区域 1。所以在达到稳定状态后，区域 1 比室外温度高。同样,从温差的发展过程可知,经过时间 50s 后,流动状态 2 也已经趋于稳定状态,因为温差 ΔT_1 几乎不发生变化。可以发现，ΔT_1 变化曲线呈现先下降后上升然后再趋于稳定的趋势。温差下降主要受两方面的影响：一方面是因为初始流动时，初始温差远大于平衡状态时的温差，整体热压较大，流速较大，而整体的局部热源散热量不足以维持该温差，故温差不断下降；另一方面，区域 1 的温差受到区域 2 的温差影响，区域 2 的低温气流不断进入区域 1，与区域 1 的高温气流混合，从而使区域 1 温差不断降低，直至 ΔT_1 降至低于零的某值。此时，区域 1 的温度达到最低值，对比图 4–7 可知，相应时刻的区域 2 的温差低于零值。

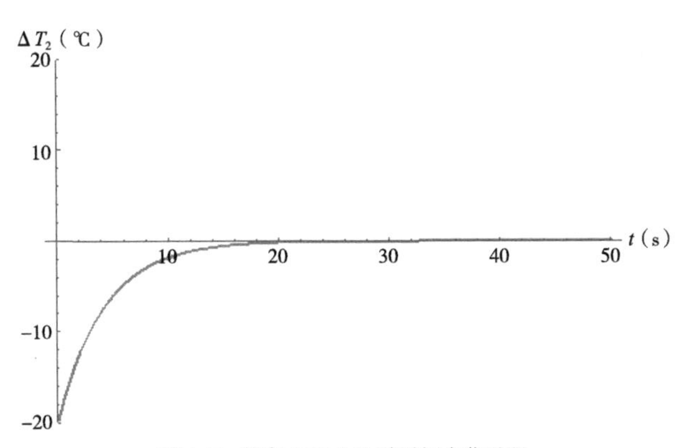

图 4-7　状态 2 下 ΔT_2 随时间变化过程

图 4-7 为 ΔT_2 随时间的变化过程，ΔT_2 取的是恒定的初始温差 -20℃，随着室外气流不断直接进入区域 2，在没有热源的作用下，该区域的混合温度均匀上升。可以看出，即使区域 1 中的初始条件不同，只要保持区域 2 中的初始条件相同，区域 2 的温差发展曲线几乎相同。因为区域 1 的温差变化，只会通过热压的大小，从而影响进入区域 2 的室外空气的流量，但这种影响比较小。区域 2 的温差主要受进入该区域的室外空气的影响。

图 4-8 是双开口地下建筑在壁面绝热条件下，单个局部热源作用下，在二维相空间的热压通风动力系统的局部相图。$\Delta T_1 \in [-20℃, 20℃]$，$\Delta T_2 \in [-20℃, 20℃]$。该图是对上述热压通风多解的综合描述。图中每条轨线分别代表了在不同的初始温差下，两个区域内温度（用各自的室内外温差表示，去除了室外温度的影响）的发展过程。由图可知，$-\frac{T_1 - T_a}{T_a}\rho_a g H_1 + \frac{T_2 - T_a}{T_a}\rho_a g H_2 = 0$ 这条直线将相图分成上下两部分。其中上半部分是状态 1，而下半部分是状态 2。该直线是两种流动状态的判定条件。其物理意义是当不考虑各区域内温度和压力等参数的不均匀性，且只有热压作用的条件下，区域 1 与区域 2 中的热压强度的对比。当 $-\frac{T_1 - T_a}{T_a}\rho_a g H_1 + \frac{T_2 - T_a}{T_a}\rho_a g H_2 > 0$，表示区域 2 中的热压强度大于区域 1，因此热压通风系统将向流动状态 1 发展；当 $-\frac{T_1 - T_a}{T_a}\rho_a g H_1 + \frac{T_2 - T_a}{T_a}\rho_a g H_2 < 0$ 时，区域 1 热压强度较大，热压通风系统将向流动状态 2 发展。若此处考虑局部热源位置造成区域内温度和压力分布的不均匀性，则需对流动方向判别式进行相应修正。通过添加一个局部热对流项对上式进行修正。容易得出，当局部热源靠近区域 1 竖井时，则流动状态 2 更易发

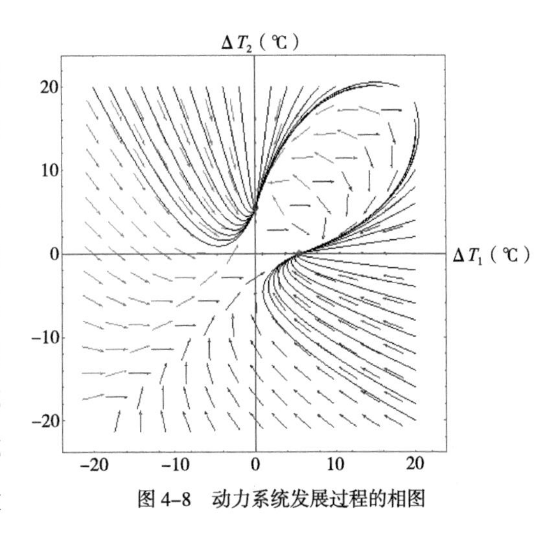

图 4-8　动力系统发展过程的相图

生，从而流动状态 2 发生的范围将增大，判定分界线将上移；当局部热源靠近区域 2 竖井时，则流动状态 1 更易发生，从而流动状态 1 发生的范围将增大，判定分界线将下移。局部热源位置对流动方向判别式的定量影响仍需进一步研究。该研究将涉及对区域内完全混合假设的修正，由于不是本书的重点，此处不展开。

4.1.4　模型验证

为了验证该模型，将建模结果与本书第 3 章 CFD 模拟结果进行对比，该建筑结构及热源情况与第 3 章相同。室外温度 288K，空气密度 1.225kg/m^3，C_p 为 1kJ/（kg·K），热源强度 1kW，H_1 为 5.5m，H_2 为 5.5m，S_{1+2} 为 37.2933kg^{-1}·m^{-1}，重力加速度 g 为 9.81m/s^2。该两区域模型与第 3 章中 CFD 模拟结果的温差对比如图 4–9（a）所示，当局部热源强度为 100W 时，最大相对误差为 13.2%；如图 4–9（b）所示，当局部热源强度也为 100W 时，流速最大相对误差为 15.9%。可以看出，与状态 1 相比，状态 2 的相对误差较小。对于状态 2，气流从右侧竖井进入，并在左部角落的局部热羽流的辅助作用下，形成了置换通风。对于状态 1，室外空气从左侧竖井进入，并与房间左部角落的局部热羽流相互对抗，形成了混合通风。因此，在计算区域 2 的热压时，应扣除该局部热羽流的影响。进行修正后，流量最大相对误差为 12.31%，温差最大相对误差为 10.39%。总体看，模拟结果与第 3 章中 CFD 模拟研究的结果有较高的吻合度。

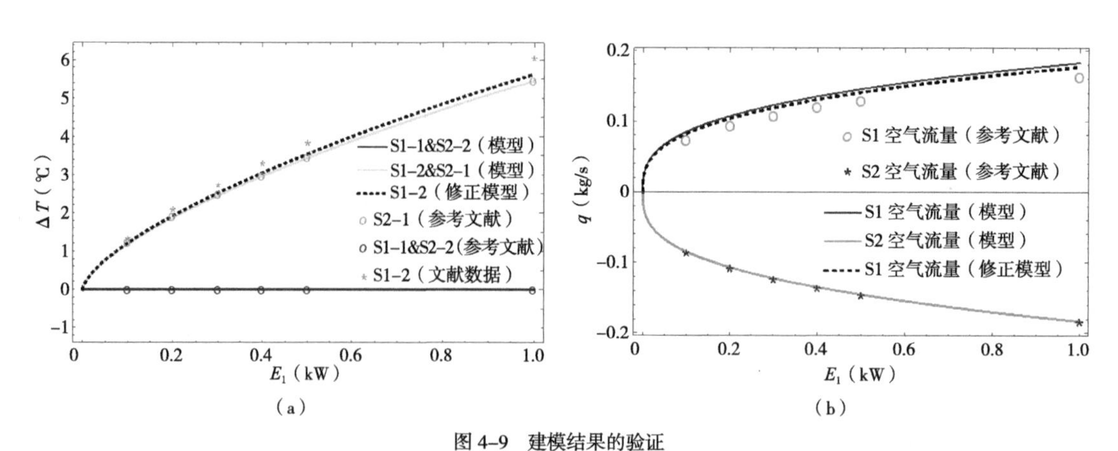

图 4–9　建模结果的验证

（a）两区域模型与前述 CFD 模拟结果的温度对比；（b）两区域模型与前述 CFD 模拟结果的质量流量对比

（S1 表示状态 1，–（1，2）表示区域编号）

4.2　双热源等竖井高度情形下的热压通风多解稳定性

在地下建筑的热压通风中，通常围护结构传热对室内热压通风具有显著影响。本小节将考虑两区域都有固定热源的简化模型。虽然进行了简化，但是对分析围护结构传热对热压通风多解的影响仍具有参考意义。

4.2.1 双热源模型

区域 1 和区域 2 分别把围护结构和其他热源的作用简化为 E_1 和 E_2。其中 E_1 恒大于零，表示围护结构传热和内部热源散热总和大于零，而 E_2 可以是任意实数，表示既可以是向围护结构传热，又可以是围护结构向室内空气传热。为了分析方便，先以左右竖井高度相同为例，进行非线性动力学的建模和分析。

平衡态 1 的质量守恒方程与压力平衡方程与式（4–1）和式（4–2）相同，能量平衡方程如下：

$$M_1 C_p \frac{\mathrm{d}T_1}{\mathrm{d}t} = -q_1 C_p (T_1 - T_a) + E_1 \tag{4-32}$$

$$M_2 C_p \frac{\mathrm{d}T_2}{\mathrm{d}t} = -q_2 C_p (T_2 - T_1) + E_2 \tag{4-33}$$

联立式（4–1）、式（4–2）、式（4–32）和式（4–33），最后转换成一组以温度变化与其他参数之间关系的二维非线性微分方程组：

$$M_1 C_p \frac{\mathrm{d}T_1}{\mathrm{d}t} = -\sqrt{\frac{\frac{T_1 - T_a}{T_a}\rho_a g H_1 + \frac{T_2 - T_a}{T_a}\rho_a g H}{S_1 + S_2}}\, C_p (T_1 - T_a) + E_1 \tag{4-34}$$

$$M_2 C_p \frac{\mathrm{d}T_2}{\mathrm{d}t} = -\sqrt{\frac{\frac{T_1 - T_a}{T_a}\rho_a g H_1 + \frac{T_2 - T_a}{T_a}\rho_a g H}{S_1 + S_2}}\, C_p (T_2 - T_1) + E_2 \tag{4-35}$$

该流动状态成立的条件为 $-\frac{T_1 - T_a}{T_a}\rho_a g H + \frac{T_2 - T_a}{T_a}\rho_a g H \geqslant 0$，即 $T_2 > T_1$。

平衡态 2 的质量守恒方程与压力平衡方程如式（4–8）与式（4–9），其能量守恒方程如下：

$$M_1 C_p \frac{\mathrm{d}T_1}{\mathrm{d}t} = -q_1 C_p (T_1 - T_2) + E_1 \tag{4-36}$$

$$M_2 C_p \frac{\mathrm{d}T_2}{\mathrm{d}t} = -q_2 C_p (T_2 - T_a) + E_2 \tag{4-37}$$

联立式（4–8）、式（4–9）、式（4–36）和式（4–37），最后转换成一组以温度变化与其他参数之间关系的二维非线性微分方程组：

$$M_1 C_p \frac{\mathrm{d}T_1}{\mathrm{d}t} = -\sqrt{\frac{\frac{T_1 - T_a}{T_a}\rho_a g H - \frac{T_2 - T_a}{T_a}\rho_a g H}{S_1 + S_2}}\, C_p (T_1 - T_2) + E_1 \tag{4-38}$$

$$M_2 C_p \frac{\mathrm{d}T_2}{\mathrm{d}t} = -\sqrt{\frac{\frac{T_1 - T_a}{T_a}\rho_a g H - \frac{T_2 - T_a}{T_a}\rho_a g H}{S_1 + S_2}}\, C_p (T_2 - T_a) + E_2 \tag{4-39}$$

该流动状态成立的条件为 $-\frac{T_1 - T_a}{T_a}\rho_a g H + \frac{T_2 - T_a}{T_a}\rho_a g H < 0$，即 $T_2 - T_1 < 0$。

4.2.2　双热源模型的稳定性和存在性分析

对于平衡态 1，假定其热质量（thermal mass）M_1 与 M_2 为单位质量，C_p 的值也为 1。令 $\Delta T_2 = T_1 - T_a$，$\Delta T_2 = T_2 - T_a$，$\sqrt{\dfrac{\frac{\rho_a gH}{T_a}}{S_1+S_2}} = n$，式（4–34）与式（4–35）可以化简为：

$$\frac{d\Delta T_1}{dt} = -n\sqrt{\Delta T_2 - \Delta T_1}\,\Delta T_1 + E_1 \tag{4–40}$$

$$\frac{d\Delta T_2}{dt} = -n\sqrt{\Delta T_2 - \Delta T_1}\,(\Delta T_2 - \Delta T_1) + E_2 \tag{4–41}$$

若该常微分方程组的平衡解为（$\overline{\Delta T_1}$, $\overline{\Delta T_2}$），则可知：

$$E_1 = -n\sqrt{\overline{\Delta T_2} - \overline{\Delta T_1}}\,\overline{\Delta T_1} \tag{4–42}$$

$$E_2 = -n\sqrt{\overline{\Delta T_2} - \overline{\Delta T_1}}\,(\overline{\Delta T_1} - \overline{\Delta T_2}) \tag{4–43}$$

式（4–42）比式（4–43）可得：

$$\frac{E_1}{E_2} = \frac{\overline{\Delta T_1}}{\overline{\Delta T_2} - \overline{\Delta T_1}} \tag{4–44}$$

由式（4–44）可知，

$$\overline{\Delta T_2} = \left(1 + \frac{E_2}{E_1}\right)\overline{\Delta T_1} \tag{4–45}$$

将式（4–45）代入式（4–42）与式（4–43），可得：

$$\overline{\Delta T_1}^3 = \frac{E_1^3}{n^2 E_2} \tag{4–46}$$

$$\overline{\Delta T_2}^3 = \left(1 + \frac{E_2}{E_1}\right)^3 \frac{E_1^3}{n^2 E_2} \tag{4–47}$$

由式（4–42），且 E_1 可知，$\overline{\Delta T_1} > 0$。为了保证 $\overline{\Delta T_2} - \overline{\Delta T_1} = \dfrac{E_2}{E_1}\overline{\Delta T_1} > 0$，必须满足 $\dfrac{E_2}{E_1} > 0$ 因为 $E_1 > 0$，故可知必须满足 $E_2 > 0$，此时方程有一个解。要分析该解的稳定性，需对式（4–40）和式（4–41）进行线性化。可得序数矩阵 $\boldsymbol{A}_1$：

$$\boldsymbol{A}_1 = \begin{bmatrix} \dfrac{n\overline{\Delta T_1}}{2\sqrt{-\overline{\Delta T_1} + \overline{\Delta T_2}}} - n\sqrt{-\overline{\Delta T_1} + \overline{\Delta T_2}} & -\dfrac{n\overline{\Delta T_1}}{2\sqrt{-\overline{\Delta T_1} + \overline{\Delta T_2}}} \\ -\dfrac{n\overline{\Delta T_1}}{2\sqrt{-\overline{\Delta T_1} + \overline{\Delta T_2}}} & -\dfrac{3}{2}n\sqrt{-\overline{\Delta T_1} + \overline{\Delta T_2}} \end{bmatrix} \tag{4–48}$$

特征方程的标准形式为：

$$\lambda^2 + \frac{n(-6\overline{\Delta T_1} + 5\overline{\Delta T_2})\lambda}{2\sqrt{-\overline{\Delta T_1} + \overline{\Delta T_2}}} + \frac{3}{2}n^2(\overline{\Delta T_2} - \overline{\Delta T_2}) = 0 \tag{4–49}$$

令 $\beta=\frac{n(-6\overline{\Delta T_1}+5\overline{\Delta T_2})}{2\sqrt{-\overline{\Delta T_1}+\overline{\Delta T_2}}}$，$\gamma=\frac{3}{2}n^2(\overline{\Delta T_2}-\overline{\Delta T_1})$。方程（4–49）的根为上述序数矩阵 $\boldsymbol{A}_1$ 的特征值。$\lambda_{1,2}=-\beta\pm\sqrt{\beta^2-4\gamma}$，因为（$\overline{\Delta T_1}$, $\overline{\Delta T_2}$）> 0，且 $n>0$，故 $\gamma=\frac{3}{2}n^2(\overline{\Delta T_2}-\overline{\Delta T_1})>0$，所以 $\lambda_{1,2}$ 的实部的正负由 β 决定。当 $\beta>0$ 时，特征值实部都为负，反之，则特征值实部都为正。要保证微分方程组的解为稳定解，特征方程的两个根的实部必须小于零。$-\beta=-\frac{n(6\overline{\Delta T_1}-5\overline{\Delta T_2})}{2\sqrt{\overline{\Delta T_1}-\overline{\Delta T_2}}}<0$，故 $(-6\overline{\Delta T_1}+5\overline{\Delta T_2})>0$。将式（4–45）代入，可得 $(-6\overline{\Delta T_1}+5(1+\frac{E_2}{E_1})\overline{\Delta T_1})>0$，即 $\frac{E_2}{E_1}>0.2$。因此，当 $0<\frac{E_2}{E_1}<0.2$ 时，两个特征值的实部为正，平衡解不稳定。当 $\frac{E_2}{E_1}>0.2$ 时，两个特征值的实部为负，平衡解稳定。

对于平衡态 2，假定空气的热质量（thermal mass）M_1 与 M_2 为单位质量，C_p 的值也为 1。令 $\Delta T_2=T_1-T_a$，$\Delta T_2=T_2-T_a$，$\sqrt{\frac{\frac{\rho_a gH}{T_a}}{S_1+S_2}}=n$，式（4–38）与式（4–39）可以化简为：

$$\frac{\mathrm{d}\Delta T_1}{\mathrm{d}t}=-n\sqrt{\Delta T_1-\Delta T_2}\,(\Delta T_1-\Delta T_2)+E_1 \tag{4–50}$$

$$\frac{\mathrm{d}\Delta T_2}{\mathrm{d}t}=-n\sqrt{\Delta T_1-\Delta T_2}\,\Delta T_2+E_2 \tag{4–51}$$

若该常微分方程组的平衡解为（$\overline{\Delta T_1}$, $\overline{\Delta T_2}$），则可知：

$$E_1=-n\sqrt{\overline{\Delta T_1}-\overline{\Delta T_2}}\,(\overline{\Delta T_1}-\overline{\Delta T_2}) \tag{4–52}$$

$$E_2=n\sqrt{\overline{\Delta T_1}-\overline{\Delta T_2}}\,\overline{\Delta T_2} \tag{4–53}$$

式（4–52）比式（4–53）可得：

$$\frac{E_1}{E_2}=\frac{\overline{\Delta T_1}-\overline{\Delta T_2}}{\overline{\Delta T_2}} \tag{4–54}$$

由式（4–58）可知，

$$\overline{\Delta T_1}=\left(1+\frac{E_1}{E_2}\right)\overline{\Delta T_2} \tag{4–55}$$

将式（4–54）代入式（4–52）与式（4–53），可得：

$$\overline{\Delta T_1}^3=\left(1+\frac{E_1}{E_2}\right)^3\frac{E_2^3}{n^2E_1} \tag{4–56}$$

$$\overline{\Delta T_2}^3=\frac{E_2^3}{n^2E_1} \tag{4–57}$$

由式（4–53）可知，当 $E_2>0$ 时，$\overline{\Delta T_2}>0$；当 $E_2<0$ 时，$\overline{\Delta T_2}<0$。且为使根号里的数值有意义（即流动状态 2 的存在性），必须满足 $\overline{\Delta T_1}-\overline{\Delta T_2}=\frac{E_1}{E_2}\overline{\Delta T_2}>0$。因为 $E_1>0$，故可知 $E_2>0$

与 $E_2<0$ 时都可以满足上述条件，此时方程有一个平衡解。

从物理过程上去理解，即当区域 1 有一个热源时：当区域 1 和 2 都为热源时，气流从区域 2 流向区域 1，温度不断升高，竖井 1 的温度将大于竖井 2，相同竖井高度的情况下，竖井 1 的热压大于竖井 2，故可以形成状态 2；当区域 1 为热源而区域 2 为冷源时，气流从区域 2 流向区域 1，温度先降低后升高，竖井 2 的温度将低于室外空气温度，竖井 2 与外界空气的密度差将造成气流下沉，而竖井 1 中空气被加热将上升，因此将形成流动状态 2。

要分析该平衡解的稳定性，需对式（4–50）和式（4–51）进行线性化。可得序数矩阵 $\boldsymbol{A}_1$：

$$\boldsymbol{A}_1=\begin{bmatrix} -\frac{3}{2}n\sqrt{\overline{\Delta T_1}-\overline{\Delta T_2}} & \frac{3}{2}n\sqrt{\overline{\Delta T_1}-\overline{\Delta T_2}} \\ -\frac{n\overline{\Delta T_2}}{2\sqrt{\overline{\Delta T_1}-\overline{\Delta T_2}}} & \frac{n\overline{\Delta T_2}}{2\sqrt{\overline{\Delta T_1}-\overline{\Delta T_2}}}-n\sqrt{\overline{\Delta T_1}-\overline{\Delta T_2}} \end{bmatrix} \tag{4–58}$$

特征方程的标准形式为：

$$\lambda^2+\frac{n(5\overline{\Delta T_1}-6\overline{\Delta T_2})\lambda}{2\sqrt{\overline{\Delta T_1}-\overline{\Delta T_2}}}+\frac{3}{2}n^2(\overline{\Delta T_1}-\overline{\Delta T_2})=0 \tag{4–59}$$

令$\beta=\frac{n(5\overline{\Delta T_1}-6\overline{\Delta T_2})}{2\sqrt{\overline{\Delta T_1}-\overline{\Delta T_2}}}$，$\gamma=\frac{3}{2}n^2(\overline{\Delta T_1}-\overline{\Delta T_2})$。方程（4–59）的根为上述序数矩阵 $\boldsymbol{A}_1$ 的特征值。$\lambda_{1,2}=-\beta\pm\sqrt{\beta^2-4\gamma}$，因为（$\overline{\Delta T_1}-\overline{\Delta T_2}$）$>0$，且 $n>0$，故$\gamma=\frac{3}{2}n^2(\overline{\Delta T_2}-\overline{\Delta T_1})>0$，所以 $\lambda_{1,2}$ 的实部的正负由 β 决定。当 $\beta>0$ 时，特征值实部都为负，反之，则特征值实部都为正。要保证微分方程组具有稳定解，特征方程的两个根的实部必须小于零。$-\beta=-\frac{n(5\overline{\Delta T_1}-6\overline{\Delta T_2})}{2\sqrt{\overline{\Delta T_1}-\overline{\Delta T_2}}}<0$，故$(5\overline{\Delta T_1}-6\overline{\Delta T_2})>0$。将式（4–54）代入，可得（$5(1+\frac{E_1}{E_2})\overline{\Delta T_2}-6\overline{\Delta T_2}$）$>0$，即$5\left(\frac{E_1}{E_2}\right)\overline{\Delta T_2}>\overline{\Delta T_1}$。当 $E_2>0$ 时，$\frac{E_1}{E_2}>0.2$；当 $E_2<0$ 时，$\frac{E_1}{E_2}<0.2$。

因此，$E_2>0$ 时，当 $0<\frac{E_1}{E_2}<0.2$ 时，两个特征值的实部为正，平衡解不稳定；$E_2>0$ 时，当 $\frac{E_1}{E_2}>0.2$ 时，两个特征值的实部为负，平衡解稳定。$E_2<0$ 时，两个特征值的实部为负，平衡解稳定。

4.2.3 双热源模型的数值解及流体分支图

假定各常数的设置如下：室外温度取 288K，室外空气密度取 1.225kg/m^3，C_p 为 1.0kJ/(kg·K)，E_1 为 1kW，左右竖井的高度 H 均为 5.5m，E_2 与 E_1 的比值为控制变量，质量流量阻抗 S_{1+2} 为 37.2933kg^{-1}·m^{-1}，重力加速度 g 为 9.81m/s^2。设定状态 1 的流动方向为正，即从竖井 1 流入，竖井 2 流出；反之，流量为负。根据式（4–5）及常数 $\sqrt{\frac{\frac{\rho_a gH}{T_a}}{S_1+S_2}}=n$ 可知，状态 1 的平衡流量为：

$$q_1=n\sqrt{-\overline{\Delta T_1}+\overline{\Delta T_2}} \tag{4–60}$$

其中，$\overline{\Delta T_1}$ 为区域 1 室内外空气温差，$\overline{\Delta T_2}$ 为区域 2 室内外空气温差。

状态 2 的平衡流量为：

$$q_1 = -n\sqrt{\overline{\Delta T_1} - \overline{\Delta T_2}} \tag{4-61}$$

其中，$\overline{\Delta T_1}$ 为平衡态 2 下区域 1 室内外空气温差，$\overline{\Delta T_2}$ 为区域 2 室内外空气温差。

求解状态 1 [式（4–46）、式（4–47）和式（4–60）] 和状态 2 [式（4–56）、式（4–57）和式（4–61）] 的质量流量，并结合本书 4.2.2 节中的稳定性分析。可以得到如图 4–10 所示质量流量随参数 E_2/E_1（κ）变化的流体分支图。图中 S1 与 S2 表示状态 1 和状态 2，而 unstable 与 stable 表示解的稳定性。

根据 $\frac{E_2}{E_1}$ 取值不同，可以分成四个区域：状态 2 绝对占优或左边竖井热压绝对占优（$\frac{E_2}{E_1} < 0$）、状态 2 相对占优或左边竖井热压相对占优（$0 < \frac{E_2}{E_1} < 0.2$）、两种状态相当或左右竖井热压相当（$0.2 < \frac{E_2}{E_1} < 5$）和状态 1 相对占优或右边竖井热压相对占优（$5 < \frac{E_2}{E_1}$）。

在 $\frac{E_2}{E_1} < 0$ 时，只有一个稳定解。随着热量比的增加，在 $0 < \frac{E_2}{E_1} < 0.2$ 时，该通风系统具有两个解，其中状态 1 是非稳定解，随着热量比增加，流量不断增加，但是该状态并不稳定；而状态 2 的平衡解是一个定值，并不随热量比而发生变化，且解是稳定的。在 $0.2 < \frac{E_2}{E_1} < 5$ 时，该热压通风系统具有两个稳定解。在保持各条件不变的情况下，只要具有适当的扰量，则可以将系统从一种稳定状态转向另一种稳定状态，并保持所形成的新的稳定状态不变。当 $5 < \frac{E_2}{E_1}$ 时，状态 1 仍是稳定的，而状态 2 由稳定变为非稳定。随着热量比的增加，状态 1 的质量流量也不断增加。因此，热量比（$\frac{E_2}{E_1}$）等于 0、0.2 和 5 时，为该地下建筑热压通风系统的分支点。解的稳定性在对应的各点发生了变化。

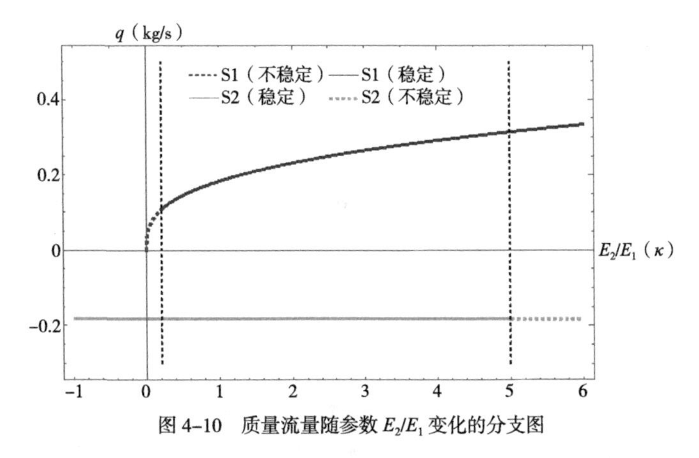

图 4–10 质量流量随参数 E_2/E_1 变化的分支图

图 4–11 为热压通风系统随热源比变化的流体温度变化分支图。图中描述了在不同热源比的情况下，两种状态下的两个区域的各自温度及稳定性变化趋势。在 S1–1（unstable）中，S1 与 S2 表示为状态 1 与状态 2，而 –1 与 –2 分别对应区域 1 与区域 2，unstable 与 stable 分别对

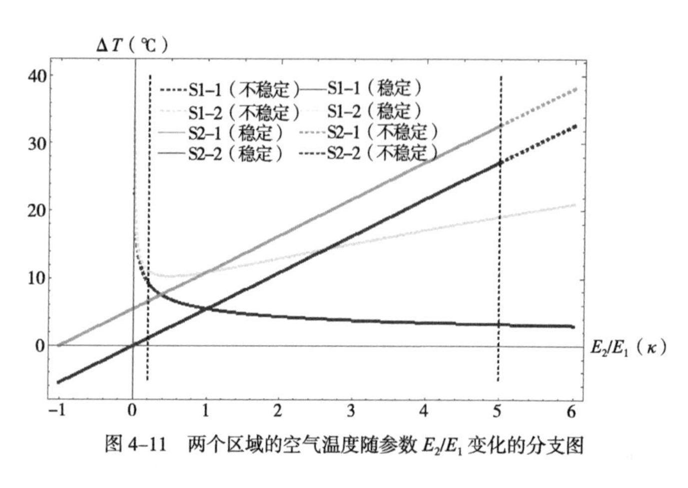

图 4–11 两个区域的空气温度随参数 E_2/E_1 变化的分支图

应解为稳定与不稳定。在 $\frac{E_2}{E_1}<0$ 时，只有状态 2 具有一个稳定解，此时区域 2 具有一个冷源而区域 1 为一个热源。流体由区域 2 流向区域 1。随着热量比的增加，区域 2 与室外温差加大，区域 1 与室外温差减小，但是两区域之间的温差保持一个定值，这与图 4–10 中所描述的质量流量保持为定值相一致，在温差不变的情况下，因为竖井高度不发生变化，所形成的热压保持不变，因此质量流量保持不变。在 $0<\frac{E_2}{E_1}<0.2$ 时，该通风系统具有两个解，其中状态 1 是非稳定解，该解中两区域的温差随着热量比增加而不断增加，但是该状态并不稳定；状态 2 继续保持稳定状态。在 $0.2<\frac{E_2}{E_1}<5$ 时，两种状态均是稳定的。在状态 1 中，随着热量比的增加，两个区域间的温差不增加，这与图 4–11 中质量流量不断增加的趋势相一致。但是区域 1 与室外的温差不断减小，而区域 2 与室外的温差不断增大，这是因为随着流量的不断增加，区域 1 的相对热源强度不发生变化，因此温度增加量变小，而对于区域 2，虽然质量流量不断加大，但是区域 2 的相对热源强度增加明显，故表现为温度增加量变大。当 $5<\frac{E_2}{E_1}$ 时，状态 1 仍保持稳定，而状态 2 由稳定变为非稳定。随着热量比的增加，状态 1 的两区域间温差继续增大，其增大原因也是由于质量流量不断增大。而对于状态 2，由于竖井 2 的热源强度相对于区域 1 的热源强度增加明显，虽然从平衡关系式分析，空气可以由竖井 2 流向竖井 1，但是该状态并不稳定，下文将利用相图和线素图对不同热源比下通风的稳定性进行分析。

本书选取了热量比为 –1、0.2、1 和 6 作为热压通风系统的发展过程的研究对象。四个热量比分别落在图 4–11 的四个不同区域内。各情景下的线素图及相图分别如图 4–12~ 图 4–15 所示。根据各自的线素图可以分析解的发展过程，而相图中的每条轨线则描述了其从初始状态向最终状态的发展过程。由相图结合线素图，能更直观地了解每种情景下稳定解与非稳定解的数量，以及不同的初始状态将分别趋向于发展成何种最终状态。根据式（4–46）和式（4–47）求解状态 1 的平衡解，对应各图中的蓝色圆点。根据式（4–56）和式（4–57）求解状态 2 的平衡解，对应各图中的红色圆点。每组线素图根据式（4–40）、式（4–41）（对应状态 1）和式（4–56）、式（4–57）（对应状态 2）绘制。相图中的每条轨线是根据不同的初始条件取值，通过 4 阶龙格 – 库塔数值法对平衡态 1 [式（4–40）、式（4–41）] 和平衡态 2 [式（4–56）、式（4–57）] 求解后绘制。

从图 4-12 可知，在热源比取值为 –1 时，左边竖井热压绝对占优，只有一个平衡点，如图中红色圆点所示，该处的值为（0℃，–5.5℃）。由线素图可知，不同的初始条件都共同指向最终的平衡点。由轨线可知，当初始温差 ΔT_2 的绝对值较大时，随着时间的增加，ΔT_1 经历一个先趋近于平衡点，再远离平衡点，最终达到平衡点的过程。以（20℃，–20℃）为例，随着时间推移，区域 2 的温度差 ΔT_2 不断靠近平衡点，区域 1 的温度差 ΔT_1 不断减小直到一个小于零的值，再逐渐增加达到 0℃。可以发现，该轨线一直位于直线 $\Delta T_2=\Delta T_1$ 的下方，在从初始状态到最终稳定状态的过程中，并无流动方向的逆转。该轨线描述的物理过程为区域 1 具有高于室外温度 20℃的空气，而区域 2 中具有初始状态为低于室外温度 20℃的空气。区域 1 受到恒定强度为 1kW 的热源作用,而区域 2 受到恒定强度为 1kW 的冷源的作用。从物理过程可知，区域 2 的空气密度大于室外空气，而区域 1 的空气密度小于室外空气，故形成了由区域 2 流向区域 1 的流动。随着时间的推移，室外空气不断通过区域 2 进入，与区域 2 的空气进行混合并被区域 2 的冷源冷却，达到一个均匀温度后进入区域 1，在区域 1 中与其上一时刻的区域 1 中的空气进行混合并被区域 1 中的热源加热，然后从区域 1 中流出。在此过程中，区域 2 的温度不断升高，升高过程是由于比初始状态温度高很多的室外空气的进入造成的。室外空气的温升作用大于区域 2 中冷源的降温作用，该升温过程一直持续到系统达到平衡状态。而区域 1 的温度先降低后升高。降低是由于从区域 2 进入区域 1 的空气远低于区域 2 的初始温度。当区域 1 的温度首次达到平衡温度时，区域 2 的温度仍低于平衡温度，这将使空气流量大于平衡流量。过多的空气将从区域 2 进入区域 1，从而造成区域 1 的温度继续降低。区域 1 的温度低于平衡温度，而区域 2 的温度仍在不断降低，这将造成整体密度差小于平衡状态时的密度差，从而使空气流量小于平衡流量。当进入区域 1 的空气流量低于平衡状态下的质量流量时，从区域 2 带入区域 1 的冷量将减少，从而使区域 1 的温度回升。因此，两个区域中的进出气流的热量、内部热源的散热量及内部物质的蓄热量之间的动态相互作用最终使流动达到一个平衡状态。

而对于直线 $\Delta T_2=\Delta T_1$ 上方的点，以（–20℃，20℃）为例，随着时间推移区域 2 的温度差 ΔT_2 不断靠近平衡点，区域 1 的温度差 ΔT_1 不断增大直到一个大于零的值，再逐渐减少达到 0℃。与前面的轨线所描述的过程不同，该过程穿越了直线 $\Delta T_2=\Delta T_1$。从物理过程上来描述，区域 1 的初始温度低于室外温度 20℃，造成竖井 1 中的空气密度大于室外空气柱的密度；而对于区域 2 的初始温度高于室外温度 20℃，造成竖井 2 的空气密度低于室外空气柱的密度。从而形成了从区域 1 流向区域 2 的初始流动。但是由于区域 1 中受到恒定强度为 1kW 的热源作用，并且室外空气不断进入，从而造成区域 1 的温度不断升高。而对于区域 2，其受到从区域 1 中空气带入的冷量及区域 2 中恒定强度为 1kW 的冷源的作用，温度不断降低。从而使得 1 区相对室外的密度升高量不断减少，而区域 2 相对室外的密度降低量不断减少。这种变化将减少从区域 1 流向区域 2 的动力，从而使空气的质量流量不断减少。直到轨线穿过直线 $\Delta T_2=\Delta T_1$，此时流动方向发生逆转，最终区域 1 和区域 2 的温度趋于平衡温度，达到平衡状态 2。

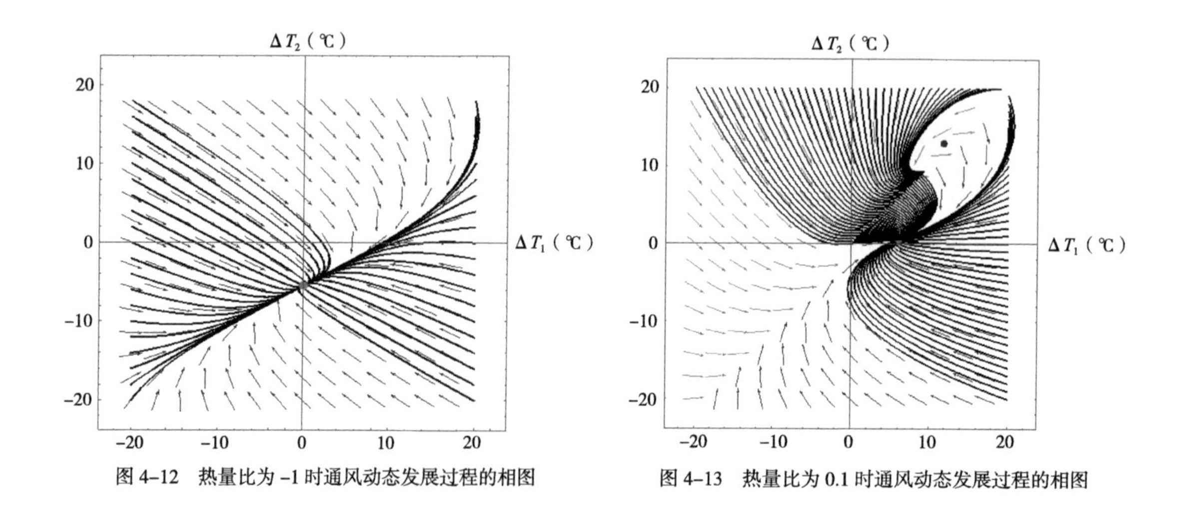

图 4–12　热量比为 –1 时通风动态发展过程的相图

图 4–13　热量比为 0.1 时通风动态发展过程的相图

从图 4–13 可知，在热源比取值为 0.1 时，左边竖井热压相对占优，系统有两个平衡点。红色圆点为状态 2 的解，值为（0.5℃，6.0℃）。蓝色圆点为状态 1 的解，其值为（11.8℃，12.9℃）。由线素图可知，不同的初始温度都指向状态 2 的平衡解。而对于平衡解 1，其周围的轨线和线素场都是远离该点。通过 4 阶龙格 – 库塔法求解可知，只有当初始温度刚好位于该点（11.8℃，12.9℃）时，才能形成该解。而实际工程中，不可能初始条件完全精确等于该值。因此，状态 1 的平衡点是不稳定的。以（10℃，20℃）为初始状态，由其轨线可知，随着时间推移，区域 2 的温度不断靠近平衡温度，而区域 1 经历了先降温，再升温，最后又降温的过程。并且其轨线跨越了直线 $\Delta T_2=\Delta T_1$，说明在稳定状态的形成过程中，流动的方向发生了逆转。而以点（20℃，–20℃）作为初始状态，其发展过程与图 4–12 相似。随着时间推移，ΔT_2 不断靠近平衡温度，而 ΔT_1 经历了先靠近，后远离，再靠近的过程。但是 ΔT_1 的变化趋势与点（10℃，20℃）不同，该点经历了一次先降低，直到降到平衡温度以下，再经历一次升温，直到升至平衡温度。即点（20℃，–20℃）经历了一降一升的过程，而点（10℃，20℃）经历了两降一升的过程。对于同一点（20℃，–20℃），图 4–13 中的轨线比图 4–12 中的轨线弯曲程度更高，因此，热源强度比为 0.1 的情况下，由初始状态向平衡状态发展过程中，ΔT_1 偏离平衡点的距离更大。

从图 4–14 可知，在热源比取值为 1 时，左右竖井热压相当，系统有两个平衡点。上侧圆点为状态 2 的解，值为（5.5℃，10.9℃）。下侧圆点为状态 1 的解，其值为（10.9℃，5.5℃）。由线素图可知，以直线 $\Delta T_2=\Delta T_1$ 为分界线，在相空间中，直线以上的部分，流动状态将趋向于平衡点 1，而直线下侧，流动将趋向平衡点 2。故在没有其他扰量作用下，该双开口地下建筑的热压通风的初始的流动方向将与最终的流体流动方向相同，而不会中间发生逆转。两个平衡点周围的线素场和轨线都关于直线 $\Delta T_2=\Delta T_1$ 对称。从物理过程上分析，这是由于其几何结构对称、热源条件相同、边界条件相同等共同决定的。但是并非只有当热源比为 1 的

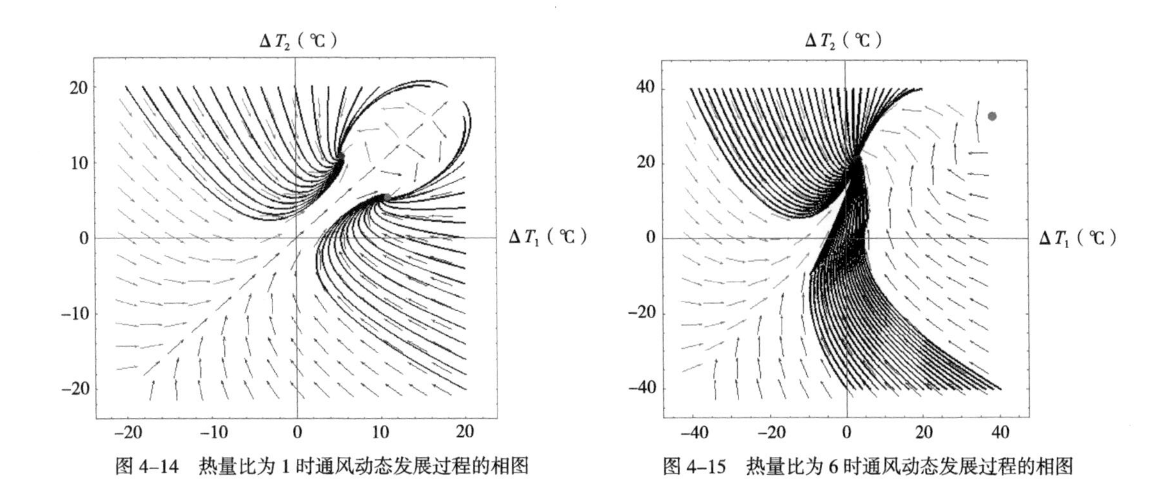

图 4–14 热量比为 1 时通风动态发展过程的相图

图 4–15 热量比为 6 时通风动态发展过程的相图

时候才具有两个稳定解，由分支图可知，只要热源比范围在 0.2~5 内，该系统都具有两个稳定解。点（20℃，−20℃）的轨线与前述图 4–12 和图 4–13 相似。而直线 $\Delta T_2=\Delta T_1$ 上侧，其相图和图 4–13 有较大差异。热源比为 1 时，以点（−20℃，20℃）为例，图 4–14 中轨线并不穿过直线 $\Delta T_2=\Delta T_1$，而在图 4–13 中，轨线需要穿过该直线。

如图 4–15 所示，在热源比为 6 时，右侧竖井热压相对占优，系统有两个平衡点。图中红色圆点为状态 2 的解，值为（38.1℃，32.7℃）。蓝色圆点为状态 1 的解，其值为（3.0℃，21.0℃）。直线 $\Delta T_2=\Delta T_1$ 以上的部分，流动状态将趋向于稳定状态 1，且流动方向不发生逆转。而该直线下侧，流动也将趋向稳定状态 1，但流动方向在直线处将发生逆转。点（20℃，−20℃）的轨线与图 4–12 和图 4–13 不同，该轨线穿过了直线 $\Delta T_2=\Delta T_1$，即经历了从区域 2 流向区域 1 转换成从区域 1 流向区域 2 的过程。随着 ΔT_2 的升高，ΔT_1 总体是一个降低的过程，并没有明显的先降后升的过程。而对于点（−20℃，20℃），其轨线与图 4–14 较为相似。对于状态 2 的平衡点（38.1℃，32.7℃），由于其周围的线素场都远离该点，结合 4 阶龙格 – 库塔数值法求解，当且仅当初始值为（38.1℃，32.7℃）时，才能获得该解。因此，从实际工程中，该平衡状态点不稳定。

4.3 竖井高度比变化情况下的热压通风多解稳定性

前面讨论了单热源及双热源等竖井高度的情形，此小节将讨论双热源且竖井高度比变化的情形。引入参数 $\alpha=H_1/H_2$ 代表左右竖井的高度比。本节将先考虑两区域热源比 $\frac{E_2}{E_1}=1$，即热源比固定，只有 α 的取值变化的情况。存在性和稳定性分析中，将再分别讨论当 $\frac{E_2}{E_1}>0$ 和 $\frac{E_2}{E_1}<0$ 的情形（即热源比和高度比同时变化的情形）。

4.3.1 变竖井高度比模型

参照式（4–34）、式（4–35）、式（4–38）和式（4–39），对平衡态 1 可以建立如下的常微分控制方程组：

$$M_1C_p\frac{\mathrm{d}T_1}{\mathrm{d}t}=-\sqrt{\frac{-\frac{T_1-T_a}{T_a}\rho_a gH_1+\frac{T_2-T_a}{T_a}\rho_a g\alpha H_1}{S_1+S_2}}C_p(T_1-T_a)+E_1 \tag{4–62}$$

$$M_2C_p\frac{\mathrm{d}T_2}{\mathrm{d}t}=-\sqrt{\frac{-\frac{T_1-T_a}{T_a}\rho_a gH_1+\frac{T_2-T_a}{T_a}\rho_a g\alpha H_1}{S_1+S_2}}C_p(T_2-T_1)+E_2 \tag{4–63}$$

该流动状态成立的条件为 $-\frac{T_1-T_a}{T_a}\rho_a gH_1+\frac{T_2-T_a}{T_a}\rho_a g\alpha H_1>0$，即 $\alpha\Delta T_2>\Delta T_1$。

对平衡态 2 可以建立如下的常微分控制方程组：

$$M_1C_p\frac{\mathrm{d}T_1}{\mathrm{d}t}=-\sqrt{\frac{\frac{T_1-T_a}{T_a}\rho_a gH_1-\frac{T_2-T_a}{T_a}\rho_a g\alpha H_1}{S_1+S_2}}C_p(T_1-T_2)+E_1 \tag{4–64}$$

$$M_2C_p\frac{\mathrm{d}T_2}{\mathrm{d}t}=-\sqrt{\frac{\frac{T_1-T_a}{T_a}\rho_a gH_1-\frac{T_2-T_a}{T_a}\rho_a g\alpha H_1}{S_1+S_2}}C_p(T_2-T_a)+E_2 \tag{4–65}$$

该流动状态成立的条件为 $-\frac{T_1-T_a}{T_a}\rho_a gH_1+\frac{T_2-T_a}{T_a}\rho_a g\alpha H_1<0$，即 $\alpha\Delta T_2<\Delta T_1$。

4.3.2 变竖井高度比模型的稳定性和存在性分析

本小节先考虑两区域热源比 $\frac{E_2}{E_1}=1$，即热源比固定，只有 α 的取值变化的情况；再分别讨论当 $\frac{E_2}{E_1}$ 大于零和 $\frac{E_2}{E_1}$ 小于零，即热源比和高度比同时变化的情形。

1. 热源比为定值的情形（$\frac{E_2}{E_1}=1$）

平衡态 1，假定其热质量（thermal mass）M_1 与 M_2 为单位质量，C_p 的值也为 1。令 $\Delta T_1=T_1-T_a$，$\Delta T_2=T_2-T_a$，$\sqrt{\frac{\frac{\rho_a gH}{T_a}}{S_1+S_2}}=n$，式（4–62）与式（4–63）可以化简为：

$$\frac{\mathrm{d}\Delta T_1}{\mathrm{d}t}=-n\sqrt{\alpha\Delta T_2-\Delta T_1}\Delta T_1+E_1 \tag{4–66}$$

$$\frac{\mathrm{d}\Delta T_2}{\mathrm{d}t}=-n\sqrt{\alpha\Delta T_2-\Delta T_1}(\Delta T_2-\Delta T_1)+E_2 \tag{4–67}$$

若该常微分方程组的平衡解为（$\overline{\Delta T_1}-\overline{\Delta T_2}$），则可知：

$$E_1=n\sqrt{\alpha\overline{\Delta T_2}-\overline{\Delta T_1}}\,\overline{\Delta T_1} \tag{4-68}$$

$$E_2=-n\sqrt{\alpha\overline{\Delta T_2}-\overline{\Delta T_1}}(\overline{\Delta T_1}-\overline{\Delta T_2}) \tag{4-69}$$

式（4–68）比式（4–69）可得：

$$\frac{E_1}{E_2}=\frac{\overline{\Delta T_1}}{\overline{\Delta T_2}-\overline{\Delta T_1}} \tag{4-70}$$

由式（4–74）及 $\frac{E_1}{E_2}=1$ 可知，

$$\overline{\Delta T_2}=(1+\frac{E_2}{E_1})\overline{\Delta T_1}=2\overline{\Delta T_1} \tag{4-71}$$

将式（4–71）代入式（4–66）与式（4–67），且令 $\frac{\mathrm{d}\Delta T_1}{\mathrm{d}t}$ 和 $\frac{\mathrm{d}\Delta T_2}{\mathrm{d}t}$ 为零，可得平衡解：

$$\overline{\Delta T_1}^3=\frac{E_1^2}{n^2(2\alpha-1)} \tag{4-72}$$

$$\overline{\Delta T_2}^3=8\frac{E_1^2}{n^2(2\alpha-1)} \tag{4-73}$$

由式（4–68），且 $E_1>0$ 可知，$\overline{\Delta T_1}>0$。为了保证 $\sqrt{\alpha\overline{\Delta T_2}-\overline{\Delta T_1}}=\sqrt{2\alpha\overline{\Delta T_1}-\overline{\Delta T_1}}>0$，必须满足 $2\alpha-1>0$。因此，要保证平衡态 1 有实数解必须满足 $\alpha>1/2$。对式（4–68）和式（4–69）进行线性化，可得序数矩阵 $\boldsymbol{A}_1$：

$$A_1=\begin{bmatrix}\frac{n\overline{\Delta T_1}}{2\sqrt{-\overline{\Delta T_1}+2\overline{\Delta T_1}\alpha}}-n\sqrt{-\overline{\Delta T_1}+2\overline{\Delta T_1}\alpha} & -\frac{n\overline{\Delta T_1}\alpha}{2\sqrt{-\overline{\Delta T_1}+2\overline{\Delta T_1}\alpha}} \\ \frac{n\overline{\Delta T_1}}{2\sqrt{-\overline{\Delta T_1}+2\overline{\Delta T_1}\alpha}}+n\sqrt{-\overline{\Delta T_1}+2\overline{\Delta T_1}\alpha} & -\frac{n\overline{\Delta T_1}\alpha}{2\sqrt{-\overline{\Delta T_1}+2\overline{\Delta T_1}\alpha}}-n\sqrt{-\overline{\Delta T_1}+2\overline{\Delta T_1}\alpha}\end{bmatrix} \tag{4-74}$$

求特征方程的标准形式可得：

$$\lambda^2+\frac{n\overline{\Delta T_1}(-5+9\alpha)\lambda}{2\sqrt{\overline{\Delta T_1}}(-1+2\alpha)}+\frac{3}{2}n^2\Delta T_1(-1+2\alpha)=0 \tag{4-75}$$

令 $\beta=\frac{n\overline{\Delta T_1}(-5+9\alpha)}{2\sqrt{\overline{\Delta T_1}}(-1+2\alpha)}$，$\gamma=\frac{3}{2}n^2\Delta T_1(-1+2\alpha)$。方程（4–75）的根为上述序数矩阵 $\boldsymbol{A}_1$ 的特征值。$\lambda_{1,2}=-\beta\pm\sqrt{\beta^2-4\gamma}$，因为 $\overline{\Delta T_1}(-1+2\alpha)>0$，且 $n>0$，故 $\gamma=\frac{3}{2}n^2\Delta T_1(-1+2\alpha)>0$，所以 $\lambda_{1,2}$ 的实部的正负由 β 决定。当 $\beta>0$ 时，特征值实部都为负，反之，则特征值实部都为正。要保证微分方程组的解稳定，特征方程的两个根的实部必须小于零。$-\beta=-\frac{n\overline{\Delta T_1}(-5+9\alpha)}{2\sqrt{\overline{\Delta T_1}}(-1+2\alpha)}<0$，故（$-5+9\alpha$）$>0$，即 $\alpha>5/9$。

因此，当 $1/2<\alpha<5/9$ 时，两个特征值的实部为正，该自治动力系统具有一个不稳定结点，即平衡解不稳定。当 $\alpha>5/9$ 时，两个特征值的实部为负，系统具有一个稳定结点，即平衡解稳定。

对于平衡态 2，式（4–64）与式（4–65）可以化简为：

$$\frac{\mathrm{d}\Delta T_1}{\mathrm{d}t}=-n\sqrt{\Delta T_1-\alpha\Delta T_2}(\Delta T_1-\Delta T_2)+E_1 \tag{4-76}$$

$$\frac{d\Delta T_2}{dt}=-n\sqrt{\Delta T_1-\alpha\Delta T_2}\Delta T_2+E_2 \tag{4-77}$$

若该常微分方程组的平衡解为$(\overline{\Delta T_1}, \overline{\Delta T_2})$，则可知：

$$E_1=n\sqrt{\overline{\Delta T_1}-\alpha\overline{\Delta T_2}}(\overline{\Delta T_1}-\overline{\Delta T_2}) \tag{4-78}$$

$$E_2=n\sqrt{\overline{\Delta T_1}-\alpha\overline{\Delta T_2}}\overline{\Delta T_2} \tag{4-79}$$

式（4-78）比式（4-79）可得：

$$\frac{E_1}{E_2}=\frac{\overline{\Delta T_1}-\overline{\Delta T_2}}{\overline{\Delta T_2}} \tag{4-80}$$

由式（4-84）及$\frac{E_1}{E_2}=1$可知，

$$\overline{\Delta T_1}=(1+\frac{E_1}{E_2})\overline{\Delta T_2}=2\overline{\Delta T_2} \tag{4-81}$$

将式（4-79）代入式（4-76）与式（4-77），可得：

$$\overline{\Delta T_1}^3=8\frac{E_1^2}{n^2(2-\alpha)} \tag{4-82}$$

$$\overline{\Delta T_2}^3=\frac{E_1^2}{n^2(2-\alpha)} \tag{4-83}$$

由式（4-79）可知，因为$E_2>0$，故$\overline{\Delta T_2}>0$。且为使得根号里面的数值有意义，必须满足$\overline{\Delta T_1}-\alpha\overline{\Delta T_2}=(2-\alpha)\overline{\Delta T_2}>0$，即必须满足$(2-\alpha)>0$，因此，$\alpha<2$。从物理过程理解，满足竖井高度比小于2时，才有可能形成竖井1的热压大于竖井2的热压的稳定状态。

要分析该解的稳定性，需要对式（4-76）和式（4-77）进行线性化。结合式（4-81），可得序数矩阵$\boldsymbol{A}_1$：

$$A_1=\begin{bmatrix} -\frac{n\overline{\Delta T_2}}{2\sqrt{2\overline{\Delta T_2}-\overline{\Delta T_2}\alpha}}-n\sqrt{2\overline{\Delta T_2}-\overline{\Delta T_2}\alpha} & \frac{n\overline{\Delta T_2}\alpha}{2\sqrt{2\overline{\Delta T_2}-\overline{\Delta T_2}\alpha}}+n\sqrt{2\overline{\Delta T_2}-\overline{\Delta T_2}\alpha} \\ -\frac{n\overline{\Delta T_2}}{2\sqrt{2\overline{\Delta T_2}-\overline{\Delta T_2}\alpha}} & \frac{n\overline{\Delta T_2}\alpha}{2\sqrt{2\overline{\Delta T_2}-\overline{\Delta T_2}\alpha}}-n\sqrt{2\overline{\Delta T_2}-\overline{\Delta T_2}\alpha} \end{bmatrix} \tag{4-84}$$

求特征方程的标准形式可得：

$$\lambda^2+\frac{n\overline{\Delta T_2}(9-5\alpha)\lambda}{2\sqrt{-\overline{\Delta T_2}(-2+\alpha)}}-\frac{3}{2}n^2\Delta T_2(-2+\alpha)=0 \tag{4-85}$$

令$\beta=\frac{n\overline{\Delta T_2}(9-5\alpha)}{2\sqrt{-\overline{\Delta T_2}(-2+\alpha)}}$，$\gamma=-\frac{3}{2}n^2\Delta T_2(-2+\alpha)$。方程（4-85）的根为上述序数矩阵$\boldsymbol{A}_1$的特征值。$\lambda_{1,2}=-\beta\pm\sqrt{\beta^2-4\gamma}$，因为$-\overline{\Delta T_2}(-2+\alpha)>0$，且$n>0$，故$\gamma=-\frac{3}{2}n^2\Delta T_2(-2+\alpha)>0$，所以$\lambda_{1,2}$的实部的正负由$\beta$决定。当$\beta>0$时，特征值实部都为负，反之，则特征值实部都为正。要保证微分方程组的解为稳定解，特征方程的两个根的实部必须小于零。$-\beta=-\frac{n\overline{\Delta T_2}(9-5\alpha)}{2\sqrt{-\overline{\Delta T_2}(-2+\alpha)}}<0$，故

（9 – 5α）> 0。将式（4–59）代入，可得 $(5(1+\frac{E_1}{E_2})\overline{\Delta T_2}-6\overline{\Delta T_2})>0$，即 $\alpha < 9/5$。

结合状态 2 有实数解必须满足的前提条件 $\alpha < 2$。可得，当 $9/5 < \alpha < 2$ 时，两个特征值的实部为正，平衡解不稳定；当 $\alpha < 9/5$ 时，两个特征值的实部为负，平衡解稳定；当 $\alpha > 2$ 时，无实数解。

2. 热源比大于零的情形（$\frac{E_2}{E_1}>0$）

若令 $\kappa=\frac{E_2}{E_1}>0$，利用上述方法，可求得状态 1 的平衡解为：

$$\overline{\Delta T_1}=\frac{E_1}{n^{2/3}(-E_1+E_1\alpha+E_2\alpha)^{1/3}}=\frac{E_1}{n^{2/3}(-E_1+E_1\alpha+E_1\alpha\kappa)^{1/3}} \tag{4-86}$$

$$\overline{\Delta T_2}=\frac{(E_1+E_2)}{E_1}\left(\frac{E_1}{n^{2/3}(-E_1+E_1\alpha+E_2\alpha)^{1/3}}\right)=\frac{E_1+E_1\kappa}{n^{2/3}(-E_1+E_1\alpha+E_1\alpha\kappa)^{1/3}} \tag{4-87}$$

状态 2 的平衡解为：

$$\overline{\Delta T_1}=(1+E_1/E_2)\frac{E_2}{n^{2/3}(E_1+E_2-E_2\alpha)^{1/3}}=\frac{E_1(1+\frac{1}{\kappa})\kappa}{n^{2/3}(E_1+E_1\kappa-E_1\alpha\kappa)^{1/3}} \tag{4-88}$$

$$\overline{\Delta T_2}=\frac{E_2}{n^{2/3}(E_1+E_2-E_2\alpha)^{1/3}}=\frac{E_1\kappa}{n^{2/3}(E_1+E_1\kappa-E_1\alpha\kappa)^{1/3}} \tag{4-89}$$

要满足平衡态 1 有解，需先满足 $-E_1+E_1\alpha+E_1\alpha\kappa > 0$；满足平衡态 2 有解，需先满足 $E_1+E_1\kappa-E_1\alpha\kappa > 0$。又因为考虑 $\kappa > 0$，对状态 1 可得 $\frac{1}{1+\kappa}<\alpha$，对状态 2 可得 $\alpha<\frac{1+\kappa}{1}$。很容易求得，状态 1 的特征方程为：

$$\lambda^2+\frac{n\sqrt{\frac{(E_1(-1+\alpha+\alpha\kappa))^{2/3}}{n^{2/3}}}(-5+\alpha(4+5\kappa))\lambda}{2(-1+\alpha+\alpha\kappa)}+\frac{3}{2}n^{4/3}(E_1(-1+\alpha+\alpha\kappa))^{2/3}=0 \tag{4-90}$$

令 $\beta=\frac{n\sqrt{\frac{(E_1(-1+\alpha+\alpha\kappa))^{2/3}}{n^{2/3}}}(-5+\alpha(4+5\kappa))}{2(-1+\alpha+\alpha\kappa)}$，$\gamma=\frac{3}{2}n^{4/3}(E_1(-1+\alpha+\alpha\kappa))^{2/3}$。方程（4–90）的根为序数矩阵 $\boldsymbol{A}_1$ 的特征值。$\lambda_{1,2}=-\beta\pm\sqrt{\beta^2-4\gamma}$，因为 $E_1(-1+\alpha+\alpha\kappa)>0$，且 $n>0$，故 $\gamma=\frac{3}{2}n^{4/3}(E_1(-1+\alpha+\alpha\kappa))^{2/3}>0$，所以 $\lambda_{1,2}$ 的实部的正负由 β 决定。当 $\beta > 0$ 时，特征值实部都为负，反之，则特征值实部都为正。要保证微分方程组的解为稳定解，特征方程的两个根的实部必须小于零。

$-\beta=-\frac{n\sqrt{\frac{(E_1(-1+\alpha+\alpha\kappa))^{2/3}}{n^{2/3}}}(-5+\alpha(4+5\kappa))}{2(-1+\alpha+\alpha\kappa)}<0$，故 $-5+\alpha(4+5\kappa)>0$，即 $\frac{5}{4+5\kappa}<\alpha$。

因为要保证状态 1 有实数解必须满足 $\frac{1}{1+\kappa}<\alpha$。因此，当 $\frac{1}{1+\kappa}<\alpha<\frac{5}{4+5\kappa}$ 时，两个特征值的实部为正，平衡解不稳定；当 $\frac{5}{4+5\kappa}<\alpha$ 时，两个特征值的实部为负，平衡解稳定；当 $\frac{1}{1+\kappa}>\alpha$ 时，无实数解。

状态 2 的特征方程为：

$$\lambda^2+\frac{n(5+(4-5\alpha)\kappa)\sqrt{\frac{(E_1(1+\kappa-\alpha\kappa))^{2/3}}{n^{2/3}}}\lambda}{2(1+\kappa-\alpha\kappa)}+\frac{3}{2}n^{4/3}(E_1(1+\kappa-\alpha\kappa))^{2/3}=0 \tag{4-91}$$

令 $\beta=\frac{n(5+(4-5\alpha)\kappa)\sqrt{\frac{(E_1(1+\kappa-\alpha\kappa))^{2/3}}{n^{2/3}}}\lambda}{2(1+\kappa-\alpha\kappa)}$，$\gamma=\frac{3}{2}n^{4/3}(E_1(1+\kappa-\alpha\kappa))^{2/3}$。方程（4-91）的根为序数矩阵 $\boldsymbol{A}_1$ 的特征值。$\lambda_{1,2}=-\beta\pm\sqrt{\beta^2-4\gamma}$，因为 E_1（$1+\kappa-\alpha\kappa$）>0，且 $n>0$，故 $\gamma=\frac{3}{2}n^{4/3}(E_1(1+k-\alpha\kappa))^{2/3}>0$，所以 $\lambda_{1,2}$ 的实部的正负由 β 决定。当 $\beta>0$ 时，特征值实部都为负，反之，则特征值实部都为正。要保证微分方程组的解为稳定解，特征方程的两个根的实部必须小于零。$-\beta=\frac{n(5+(4-5\alpha)\kappa)\sqrt{\frac{(E_1(1+\kappa-\alpha\kappa))^{2/3}}{n^{2/3}}}\lambda}{2(1+\kappa-\alpha\kappa)}<0$，故 $5+(4-5\alpha)\kappa>0$，即 $\alpha<\frac{5+4\kappa}{5\kappa}$。

结合状态 2 有实数解必须满足的先决条件 $\alpha<\frac{1+\kappa}{\kappa}$。因此，当 $\frac{5+4\kappa}{5\kappa}<\alpha<\frac{1+\kappa}{\kappa}$ 时，两个特征值的实部为正，平衡解为非稳定解；当 $\alpha<\frac{5+4\kappa}{5\kappa}$ 时，两个特征值的实部为负，平衡解为稳定解；当 $\frac{1+\kappa}{\kappa}<\alpha$ 时，无实数解。

通过对以上的分析可知，当 $0<\alpha<\frac{1}{1+\kappa}$ 时，系统有状态 2 一个稳定解；当 $\frac{1}{1+\kappa}<\alpha<\frac{5}{4+5\kappa}$ 时，系统有状态 1 一个不稳定解和状态 2 一个稳定解；当 $\frac{5}{4+5\kappa}<\alpha<\frac{5+4\kappa}{5\kappa}$ 时，系统有状态 1 和状态 2 各一个稳定解；当 $\frac{5+4\kappa}{5\kappa}<\alpha<\frac{1+\kappa}{\kappa}$ 时，系统有两个解，状态 1 为稳定解，状态 2 为非稳定解；当 $\frac{1+\kappa}{\kappa}<\alpha$ 时，系统有一个解，状态 1 为稳定解，状态 2 无实数解。

3. 热源比小于零的情形（$\frac{E_2}{E_1}<0$）

对于热源比为负值 $\kappa<0$（即左边热源为正，右边热源为负）的情况，仍可以利用以上特征方程判定其稳定性。

若平衡状态 1 有实数解，则有以下关系式：

$$\begin{cases}-1+\alpha+\alpha\kappa>0\\ \kappa<0\\ \alpha>0\end{cases} \tag{4-92}$$

求解不等式，可得 $-1<\kappa<0$ 且 $\alpha>\frac{1}{1+\kappa}$。

若平衡状态 1 有稳定的实数解，则有以下关系式：

$$\begin{cases}-1+\alpha+\alpha\kappa>0\\ \kappa<0\\ \alpha>0\\ -5+\alpha(4+5\kappa)>0\end{cases} \tag{4-93}$$

求解不等式，可得 $-\frac{4}{5}<\kappa<0$ 且 $\alpha>\frac{5}{4+5\kappa}$。

若平衡状态 1 有非稳定的实数解，则有以下关系式：

$$\begin{cases} -1+\alpha+\alpha\kappa>0 \\ \kappa<0 \\ \alpha>0 \\ -5+\alpha(4+5\kappa)<0 \end{cases} \tag{4-94}$$

求解不等式可得 $-1<\kappa<-\frac{4}{5}$ 且 $\alpha>\frac{1}{1+\kappa}$，或 $-\frac{4}{5}<\kappa<0$ 且 $\frac{1}{1+\kappa}<\alpha<\frac{5}{4+5\kappa}$

若平衡状态 2 有实数解，则有以下关系式：

$$\begin{cases} 1+\kappa-\alpha\kappa>0 \\ \kappa<0 \\ \alpha>0 \end{cases} \tag{4-95}$$

求解不等式可得 $\kappa \leqslant -1$ 且 $\alpha>\frac{1+\kappa}{\kappa}$，或 $-1<\kappa<0$ 且 $\alpha>0$。

若平衡状态 2 有稳定解，则有以下关系式：

$$\begin{cases} 1+\kappa-\alpha\kappa>0 \\ \kappa<0 \\ 5+(4-5\alpha)\kappa>0 \\ \alpha>0 \end{cases} \tag{4-96}$$

求解不等式可得 $\kappa \leqslant -1$ 且 $\alpha>\frac{1+\kappa}{\kappa}$，或 $-1<\kappa<0$ 且 $\alpha>0$。

若平衡状态 2 有非稳定解，则有以下关系式：

$$\begin{cases} 1+\kappa-\alpha\kappa>0 \\ \kappa<0 \\ 5+(4-5\alpha)\kappa>0 \\ \alpha>0 \end{cases} \tag{4-97}$$

求解不等式可知，该关系式恒不成立。

通过上面的分析，热源比为负值时，考虑以下几种情形：$\kappa<-1$，$-1<\kappa<-\frac{4}{5}$ 和 $-\frac{4}{5}<\kappa<0$。从不同的 κ 值取值区间，判定 α 从 0 到无穷状态下，系统的解的数量及其稳定性分析。

在 $\kappa<-1$ 时，若 $0<\alpha<\frac{1+\kappa}{\kappa}$，状态 1 无解，状态 2 也无解，从四阶龙格库塔法 Rk4 的数值方法可知，给定符合条件的初始条件，温度在一定范围周期性变化，流向从左到右，又从右至左地循环变化；若 $\alpha>\frac{1+\kappa}{\kappa}$，状态 1 无解，状态 2 有稳定解，流体分支点为 $\alpha=\frac{1+\kappa}{\kappa}$。

在 $-1<\kappa<-\frac{4}{5}$时，诺 $0<\alpha<\frac{1}{1+\kappa}$，状态 1 无实数解，状态 2 有一个稳定解；若 $\frac{1}{1+\kappa}<\alpha$，状态 1 有非稳定解，状态 2 有一个稳定解。

在 $-\frac{4}{5}<\kappa<0$ 时，若 $0<\alpha<\frac{1}{1+\kappa}$，状态 1 无解，状态 2 有一个稳定解；若 $\frac{1}{1+\kappa}<\alpha<\frac{5}{4+5\kappa}$，状态 1 有非稳定解，状态 2 有一个稳定解；若 $\frac{5}{4+5\kappa}<\alpha$，状态 1 有一个稳定解，状态 2 有一个稳定解。

4. 热源比（κ）和高度比（α）同时变化的总结

综合以上各种情形，可得出基于热源比和高度比的地下建筑热压通风系统多态存在性和稳定性判据，如表 4–1 和表 4–2 所示。

情景 1 下的判据（已知 κ 的取值范围）　　**表 4–1**

κ	α	状态 1 的存在性及稳定性	状态 2 的存在性及稳定性	两种状态对比关系
$(0, +\infty)$	$(0, \frac{1}{1+\kappa})$	不存在	稳定	状态 2 绝对占优
	$(\frac{1}{1+\kappa}, \frac{5}{4+5\kappa})$	不稳定	稳定	状态 2 相对占优
	$(\frac{5}{4+5\kappa}, \frac{5+4\kappa}{5\kappa})$	稳定	稳定	两种状态相当
	$(\frac{5+4\kappa}{5\kappa}, \frac{1+\kappa}{\kappa})$	稳定	不稳定	状态 1 相对占优
	$(\frac{1+\kappa}{\kappa}, +\infty)$	稳定	不存在	状态 1 绝对占优
$(-\frac{4}{5}, 0)$	$(0, \frac{1}{1+\kappa})$	不存在	稳定	状态 2 绝对占优
	$(\frac{1}{1+\kappa}, \frac{5}{4+5\kappa})$	不稳定	稳定	状态 2 相对占优
	$(\frac{5}{4+5\kappa}, +\infty)$	稳定	稳定	两种状态相当
$(-1, -\frac{4}{5})$	$(0, \frac{1}{1+\kappa})$	不存在	稳定	状态 2 绝对占优
	$(\frac{1}{1+\kappa}, +\infty)$	不稳定	稳定	状态 2 相对占优
$(-\infty, -1)$	$(0, \frac{1+\kappa}{\kappa})$	不存在	不存在	无平衡状态
	$(\frac{1+\kappa}{\kappa}, +\infty)$	不存在	稳定	状态 2 绝对占优

若对上述不等式中去除对 κ 值限制，对 α 进行求解。可得到如下判据，该判据与表 4–1 中的判据等效，只是表 4–1 是给定 κ 值区间，求解 α 的取值范围，而表 4–2 则是给定 α 值区间，求解 κ 的取值范围。

情景 2 下的判据（已知 α 的取值范围）　　**表 4–2**

α	κ	状态 1 的存在性及稳定性	状态 2 的存在性及稳定性	两种状态对比关系
$(0, \frac{4}{5})$	$(-\infty, \frac{1}{-1+\alpha})$	不存在	不存在	无平衡态
	$(\frac{1}{-1+\alpha}, \frac{1-\alpha}{\alpha})$	不存在	稳定	状态 2 绝对占优
	$(\frac{1-\alpha}{\alpha}, \frac{5-4\alpha}{5\alpha})$	不稳定	稳定	状态 2 相对占优
	$\frac{5-4\alpha}{5\alpha}, +\infty$	稳定	稳定	两种状态相当
$(\frac{4}{5}, 1)$	$(-\infty, \frac{1}{-1+\alpha})$	不存在	不存在	无平衡态

续表

α	κ	状态 1 的存在性及稳定性	状态 2 的存在性及稳定性	两种状态对比关系
$(\frac{4}{5}, 1)$	$(\frac{1}{-1+\alpha}, \frac{1-\alpha}{\alpha})$	不存在	稳定	状态 2 绝对占优
	$(\frac{1-\alpha}{\alpha}, \frac{5-4\alpha}{5\alpha})$	不稳定	稳定	状态 2 相对占优
	$\frac{5-4\alpha}{5\alpha}, \frac{5}{-4+5\alpha}$	稳定	稳定	两种状态相当
	$(\frac{5}{-4+5\alpha}, +\infty)$	稳定	不稳定	状态 1 相对占优
1	$(-\infty, 0)$	不存在	稳定	状态 2 绝对占优
	$(0, 0.2)$	不稳定	稳定	状态 2 相对占优
	$(0.2, 5)$	稳定	稳定	两种状态相当
	$(5, +\infty)$	稳定	不稳定	状态 1 相对占优
$(1, +\infty)$	$(-\infty, \frac{1-\alpha}{\alpha})$	不存在	稳定	状态 2 绝对占优
	$(\frac{1-\alpha}{\alpha}, \frac{5-4\alpha}{5\alpha})$	不稳定	稳定	状态 2 相对占优
	$\frac{5-4\alpha}{5\alpha}, \frac{5}{-4+5\alpha}$	稳定	稳定	两种状态相当
	$(\frac{5}{-4+5\alpha}, \frac{1}{-1+\alpha})$	稳定	不稳定	状态 1 相对占优
	$(\frac{1}{-1+\alpha}, +\infty)$	稳定	不存在	状态 1 绝对占优

4.3.3　变高度比模型的数值解及流体分支图

假定各常数的设置如下：室外温度取 288K，室外空气密度取 1.225kg/m^3，C_p 为 1.0kJ/(kg·K)，E_1 为 1kW，左竖井的高度 H_1 为 5.5m，右竖井与左竖井高度的比值 α 为控制参数。E_2 与 E_1 的比值为 1，质量流量阻抗 S_{1+2} 为 37.2933kg^{-1} · m^{-1}，重力加速度 g 为 9.81m/s^2。设定状态 1 的流动方向为正，即从竖井 1 流入，竖井 2 流出；反之，流体的流量为负。根据式（4–5）及常数 $\sqrt{\frac{\frac{\rho_a g H_1}{T_a}}{S_1+S_2}}=n$ 可知，对于状态 1 的平衡流量：

$$q_1=n\sqrt{-\overline{\Delta T_1}+\alpha\overline{\Delta T_2}} \tag{4-98}$$

其中，$\overline{\Delta T_1}$ 为平衡态 1 的一区空气室内外温差，$\overline{\Delta T_2}$ 为平衡态 1 的二区空气室内外温差。

对于状态 2 的平衡流量：

$$q_1=-n\sqrt{\overline{\Delta T_1}-\alpha\overline{\Delta T_2}} \tag{4-99}$$

其中 $\overline{\Delta T_1}$ 为平衡态 2 的一区空气室内外温差，$\overline{\Delta T_2}$ 为平衡态 2 的二区空气室内外温差。

求解状态 1 [式（4–72）、式（4–73）和式（4–98）] 和状态 2 [式（4–82）、式（4–83）和

式（4–99）] 的质量流量，并结合本书 4.3.2 节中的稳定性分析，可以得到如图 4–16 所示质量流量随左右竖井高度比 α 变化的流体分支图。

根据 α 取值不同，可以分成五个区域：状态 2 绝对占优或左边竖井热压绝对占优（$0 < \alpha < 1/2$）、状态 2 相对占优或左边竖井热压相对占优（$1/2 < \alpha < 5/9$）、两种状态相当或左右竖井热压相当（$5/9 < \alpha < 9/5$）、状态 1 相对占优或右边竖井热压相对占优（$9/5 < \alpha < 2$）和状态 1 绝对占优或右边竖井热压绝对占优（$2 < \alpha$）。

可以发现，在 $0 < \alpha < 1/2$ 时，该通风系统只有状态 2 一个平衡解，随着 α 增加，流量的绝对值不断减少。在 $1/2 < \alpha < 5/9$ 时，该热压通风系统具有两个解，其中状态 1 不稳定，而状态 2 稳定。状态 1 的流量随着 α 的增加而不断增大，状态 2 的流量随着 α 的增大而不断减小。在 $5/9 < \alpha < 9/5$ 时,该系统具有两个稳定解。在保持其他条件不变的情况下,只要具有适当的扰量,系统可以一种稳定状态转向另一种稳定状态。当 $9/5 < \alpha < 2$ 时，状态 1 仍保持稳定，而状态 2 变为非稳定。随着 α 的增加，状态 1 的平衡质量流量不断增加，而状态 2 的质量流量慢慢趋近于零。当 $2 < \alpha$ 时，该热压通风系统只有一个平衡解。即状态 1 有一个稳定解。因此，α 为 1/2、5/9、9/5 和 2 为该地下热压通风系统的分支点。解的稳定性及存在性在对应的各点发生了变化。

图 4–17 为室内空气温度随竖井高度比（α）变化的分支图。图中描述了在不同竖井高度比的情况下，建筑的两个区域的各自温度变化及稳定性变化。在 S1–1（unstable）中，S1 与 S2 表示为状态 1 与状态 2，而 –1 与 –2 分别对应区域 1 与区域 2，unstable 与 stable 分别对应解为稳定与不稳定。因为室外温度作为边界条件，设定为恒定值，各区域室内外温差变化与室内温度的变化趋势相同。在 $0 < \alpha < 1/2$ 时，只有状态 2 一个稳定解，流体由区域 2 流向区域 1。随着 α 的增加，两个区域的温度不断增加，这与图 4–15 中质量流量随竖井高度比增大而减少相一致。因为流经两区域的空气的质量流量减少，而两区域的散热量强度恒定不变，因此室内的温度将升高。在 $1/2 < \alpha < 5/9$ 时，该通风系统具有两个解，其中状态 1 是非稳定解，

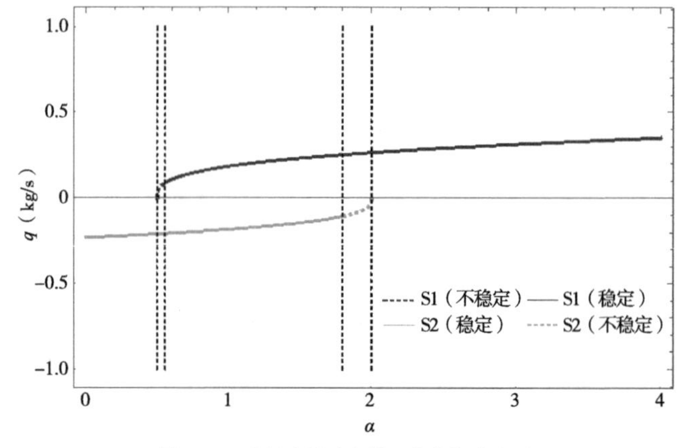

图 4–16　质量流量随参数 α 变化的分支图

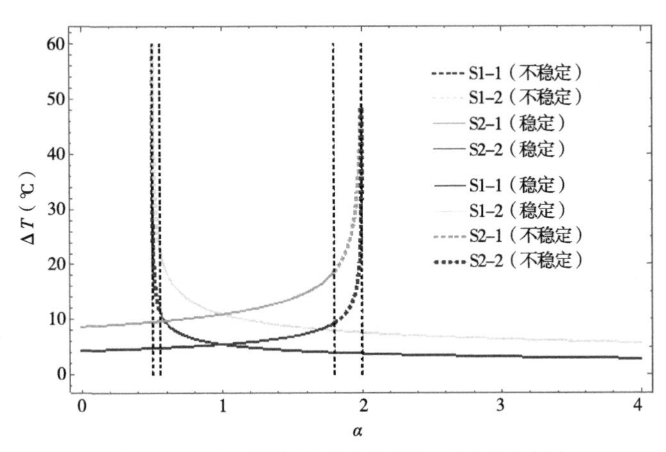

图 4-17　两个区域的空气温度随参数 α 变化的分支图

两区域之间的温差随着 α 增加而不断增加，每个区域的温度不断减少；状态 2 继续保持稳定。在 $5/9 < \alpha < 9/5$ 时，两种状态均是稳定的。在状态 1 中，随着 α 的增加，两个区域间的温差变化不大，但是竖井 2 的相对高度不断增加，因此系统的热压增大，质量流量不断增加，这与图 4–16 中状态 1 的质量流量随 α 的变化趋势相一致。在状态 2 下，随着 α 的增加，两个区域之间的温差变化不明显，而各区域的温度不断增大。因为竖井 2 相对高度的不断增加，所以系统热压减少，忽略系统的阻力变化，质量流量将减少，而总体散热强度保持不变，各区域的温度将不断上升。因此，如图 4–16 所示，室内外温差进一步加大。当 $9/5 < \alpha < 2$ 时，状态 1 仍保持稳定，而状态 2 变为非稳定。随着 α 的增加，状态 1 的两区域温度继续降低，而两区域之间的温差变化不明显，因此，在竖井 2 相对高度增大时，总体热压升高，质量流量升高，这与图 4–16 中,质量流量变化趋势相一致。在系统热源强度保持不变的情况下,增加质量流量，将使室内外温差不断减少，从而表现为图 4–17 中所示的区域 1 和区域 2 温度不断减小的趋势。而状态 2，由于竖井 2 相对高度不断增加，竖井 2 相对于竖井 1 所形成的热压将不断增大，竖井 2 热压方向与状态 2 的流动方向相反，因此，热压通风系统的阻力不断增大。系统的通风量将不断减少，直到 α 接近 2 时，此时竖井 2 的高度为与竖井 1 的两倍，系统通风量将接近零，此时区域 1 与区域 2 的温度接近无限大。温度接近无限大是无法实现的，该状态不稳定。当 $2 < \alpha$ 时，状态 2 无解，而状态 1 稳定。状态 1，两区域间的温差变化不明显，而各区域温度不断降低。这是由于竖井 2 相对高度不断增大，从而造成系统总体热压升高，通风量增大，这与图 4–16 中通风量变化趋势相一致。在系统热源强度恒定的情况下，增大通风量，将降低室内温度。上述分析和描述过程是分析竖井高度比变化对各平衡状态的影响分析。而下文将分析竖井高度比 α 的变化对系统从初始状态到稳定状态的发展过程的影响。

本小节分别选取了竖井高度比为 0.4、0.54、1.2、1.9 和 3 作为热压通风系统发展过程的研究对象，五个 α 值分别落在图 4–17 的五个不同区域内。各情景下的线素图及相图分别如图 4–18~ 图 4–22 所示。根据式（4–72）和式（4–73）求解状态 1 下的室内外温差，对应各图中的蓝色圆点。根据式（4–82）和式（4–83）求解状态 2 下的室内外温差，对应各图中的红色圆点。相图中的每条轨线是根据不同的初始条件取值，通过 4 阶龙格 – 库塔数值法对流动状态 1 [式（4–66）、式（4–67）] 和流动状态 2 [式（4–76）、式（4–77）] 进行求解后绘制。

由图 4–18 可知，在 α 取值为 0.4 时，左边竖井热压绝对占优，系统只有一个平衡解，如图中红色圆点所示，该处的值为（9.3℃，4.7℃）。在相平面中，任意不同的初始条件都指向该结点。以（20℃，–20℃）为初始值，由其轨线可知，随着时间推移，区域 2 的温度差 ΔT_2 不断靠近平衡点，区域 1 的温度差 ΔT_1 不断减小直到小于平衡温度，再逐渐增加达到平衡温度。从相图可知，该轨线一直位于直线 $\Delta T_2 = \Delta T_1/\alpha$ 的下方，在从初始状态到最终稳定状态的过程中，并没有发现流动方向的逆转。该轨线描述的物理过程为区域 1 具有高于室外温度 20℃的空气，而区域 2 中具有初始状态为低于室外温度 20℃的空气。区域 1 和区域 2 都受到恒定强度为 1kW 的热源作用，区域 2 中的竖井高度为区域 1 的 0.4 倍。区域 2 的空气密度小于室外空气，而区域 1 的空气密度大于室外空气，故形成了由区域 2 流向区域 1 的流动（即状态 2）。随着时间的推移，室外空气不断通过区域 2 进入，与区域 2 的空气进行混合并被热源加热，达到一个均匀温度后进入区域 1，在区域 1 中与其上一时刻的区域 1 中的空气进行混合并被区域 1 中的热源加热，然后从区域 1 中流出。在此过程中，区域 2 的温度不断升高，升高过程是由比初始状态温度高很多的室外空气和区域 2 中恒定热源的共同作用造成的，该升温过程一直持续到系统达到平衡过程。而区域 1 的温度先降低后升高。降低是由于从区域 2 进入区域 1 的空气远低于区域 2 的初始温度。当区域 1 的温度首次达到平衡温度时，区域 2 的温度仍低于平衡温度，这将使空气流量大于平衡流量。过多的空气将从区域 2 进入区域 1，从而造成区域 1 的温度继续降低。区域 1 的温度低于平衡温度，而区域 2 的温度仍在不断降低，这将造成整体密度差小于平衡状态时的密度差，从而使空气流量小于平衡流量。当进入区域 1 的空气流量低于平衡流量时，从区域 2 带入区域 1 的冷量也将减少，从而使得区域 1 的温度回升。在空气带入的热量，内部热源的放热量及内部的蓄放热之间的动态相互作用下，最终使得流动达到一个平衡状态，即图 4–18 中的红色圆点（9.3℃，4.7℃）。

对于直线 $\Delta T_2 = \Delta T_1/\alpha$ 上方的点，以（–20℃，20℃）为例，随着时间推移区域 2 的温度差 ΔT_2 不断靠近平衡点，区域 1 的温度差 ΔT_1 不断增大直到大于平衡温度，再逐渐减少达到平衡温度。该轨线穿越了直线 $\Delta T_2 = \Delta T_1/\alpha$。从物理过程上来描述，区域 1 的初始温度低于室外温度 20℃，造成竖井 1 中的空气密度大于室外空气柱的密度。而区域 2 的初始温度高于室外温度 20℃，造成竖井 2 的空气密度低于室外空气柱的密度。从而形成了从区域 1 流向区域 2 的初始流动。但是由于区域 1 中受到恒定强度为 1kW 的热源作用，并且室外空气不断进入，从而造成区域 1 的温度不断升高。而区域 2 受到从区域 1 中空气带入的冷量及区域 2 中热源的共同作用，温度不断降低。从而使区域 1 密度不断变小，而区域 2 密度不断增大。这种变化将减少从区域 1 流向区域 2 的动力，从而使空气的质量流量不断减少。直到轨线穿过直线

$\Delta T_2=\Delta T_1/\alpha$，此时流动方向发生逆转，最终区域 1 和区域 2 的温度趋于平衡温度，达到平衡状态 2。

从图 4–19 可知，在 α 取值为 0.54 时，左边竖井热压相对占优，系统有两个平衡解。图中红色圆点为状态 2 的解，值为（9.6℃，4.8℃）。蓝色圆点为状态 1 的解，其值为（12.7℃，25.3℃）。对于平衡解 1，其周围的轨线和线素场都是远离该点。通过 4 阶龙格 – 库塔法求解可知，只有当初始值位于该点（12.7℃，25.3℃）时，才能收敛于该状态点。而现实工程中，不可能初始条件完全精确等于该值，因此，该结点不稳定。另外，以（–20℃，20℃）为初始状态，由其轨线可知，区域 1 的温度经历了先升后降的过程，最终达到平衡温度，而区域 2 的温度经历了，先降后升、最后又下降的过程。并且其轨线跨越了直线 $\Delta T_2=\Delta T_1/\alpha$，说明流动的方向发生了逆转。而对于点（20℃，–20℃），以该点作为初始状态，其发展过程与图 4–18 相似。随着时间推移，ΔT_2 不断靠近平衡温度，而 ΔT_1 经历了先靠近，后远离再靠近平衡温度的过程。

从图 4–20 可知，在 α 取值为 1.2 时，两边竖井的热压相当，系统有两个平衡解。上侧圆点为状态 1 的解，值为（4.9℃，9.8℃）。下侧圆点为状态 2 的解，其值为（11.7℃，5.8℃）。以直线 $\Delta T_2=\Delta T_1/\alpha$ 为分界线，在相平面中，直线以上的部分，流动状态将趋向于稳定状态 1，而直线下侧，流动将趋向稳定状态 2。若无扰量作用，该双开口地下建筑的热压通风的流动方向将一直保持不变，而不会中间发生逆转。由相图及线素图可知，两个平衡点周围的线素场和轨线都关于直

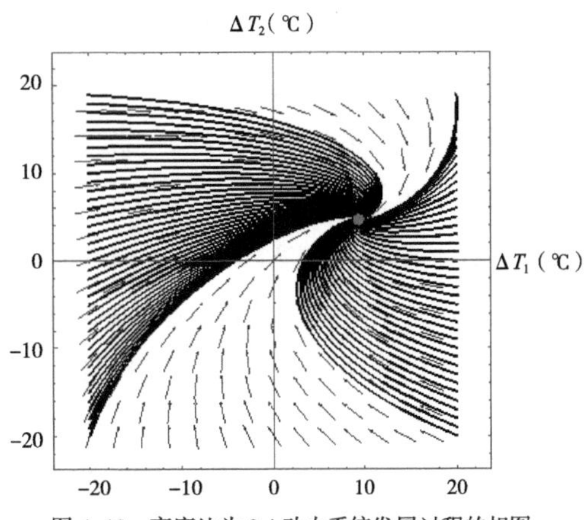

图 4–18　高度比为 0.4 动力系统发展过程的相图

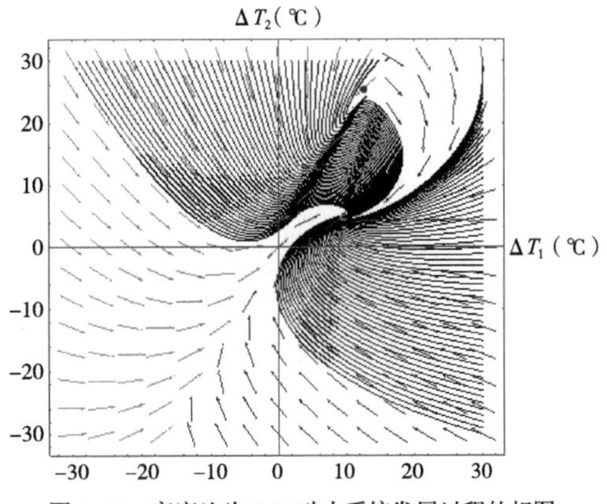

图 4–19　高度比为 0.54 动力系统发展过程的相图

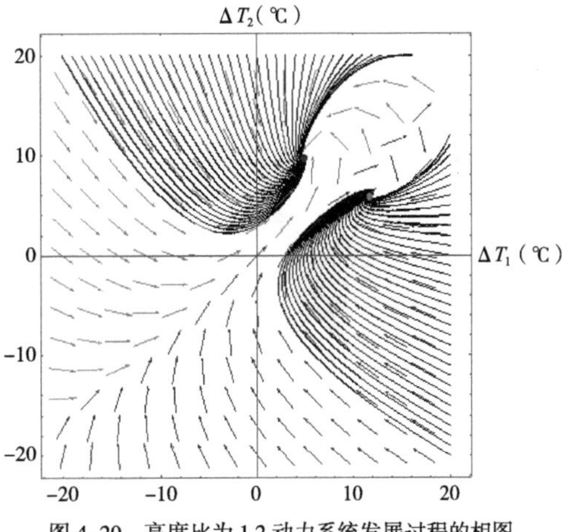

图 4–20　高度比为 1.2 动力系统发展过程的相图

线 $\Delta T_2 = \Delta T_1/\alpha$ 对称。这是由于其几何结构，热源条件和边界条件等共同决定的。对于点（20℃，−20℃），其轨线与图 4–18 和图 4–19 相似。对于直线 $\Delta T_2 = \Delta T_1/\alpha$ 上侧，系统发展过程与图 4–19 有较大差异，流动状态 1 的轨线并不穿过直接 $\Delta T_2 = \Delta T_1/\alpha$，表明其初始流动并未发生方向的逆转。

如图 4–21 所示，当 α 取值为 1.9 时，右边竖井的热压相对占优，系统中有两个平衡解。图中红色圆点为状态 2 的解，值为（23.5℃，11.8℃）。蓝色圆点为状态 1 的解，其值为（3.9℃，7.7℃）。以直线 $\Delta T_2 = \Delta T_1/\alpha$ 为分界线，在相平面中，直线以上的部分，流动将趋向于稳定状态 1，且流动方向不发生逆转。而直线下侧，流动也将趋向稳定状态 1，但流动方向在直线处将发生逆转。点（20℃，−20℃）的轨线穿过了直线 $\Delta T_2 = \Delta T_1/\alpha$，经历了从区域 2 流向区域 1 转换成从区域 1 流向区域 2 的过程。ΔT_2 经历了先升高后降低最终达到平衡温度的过程，ΔT_1 则经历了一个先降温后升温的过程。而点（−20℃，20℃）的轨线与图 4–20 中走向较为相似。对于状态 2 的解（23.5℃，11.8℃），其附近线素场的方向都远离该点，可知该结点不稳定。通过 4 阶龙格库 – 塔数值法求解，当且仅当初始值为（23.5℃，11.8℃）时，才能获得该解。因此，在工程实践中，该状态点也是不能稳定存在的。

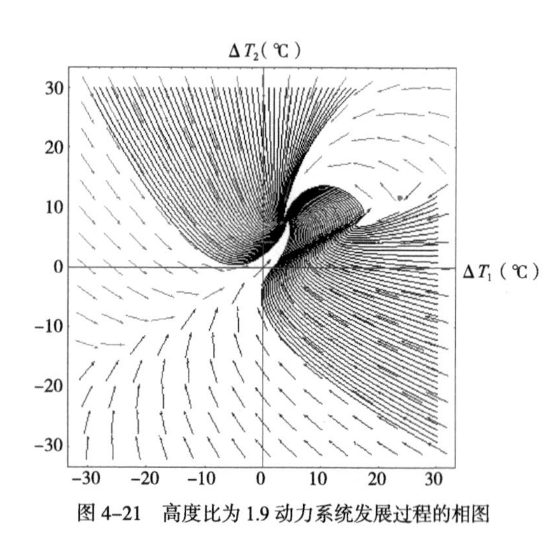

图 4–21　高度比为 1.9 动力系统发展过程的相图

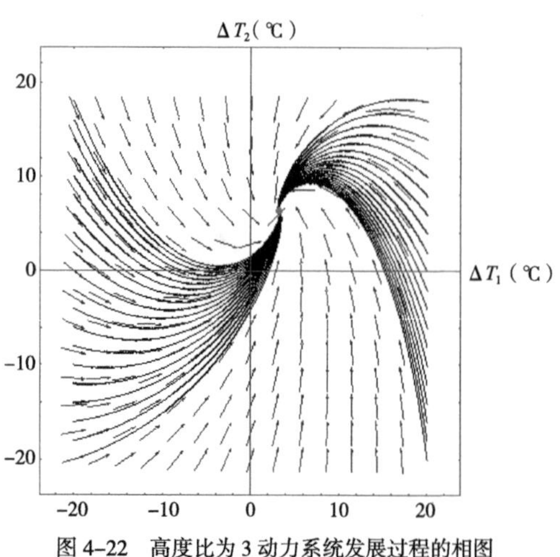

图 4–22　高度比为 3 动力系统发展过程的相图

如图 4–22 所示，在 α 取值为 3 时，右边竖井的热压绝对占优，系统中只有一个解。图中圆点为状态 1 的解，值为（3.2℃，6.4℃）。由线素图可知，在整个相平面中，任何初始流动状态最终都将趋向于稳定状态 1。这与图 4–18 的情形刚好相反，在 α 取值为 0.4 时，任何流动初始状态都将趋向于稳定状态 2。点（20℃，−20℃）的轨线的变化规律也与图 4–18 的情形不一样。对于图 4–22，ΔT_2 经历了先升高后降低最终达到平衡温度的过程，ΔT_1 则经历了一个降温的过程；对于图 4–18，ΔT_2 只经历了一个单独的升高过程，ΔT_1 则经历了一个先降低后升高的过程。点（−20℃，20℃）的轨线与图 4–18 中走向也不同。对于图 4–22，随着时间推移，ΔT_2 经历了一个先下降后升高的过程，ΔT_1 则经历了一个升高的过程；而图 4–17 中，

ΔT_2 只经历了一个下降的过程，ΔT_1 则经历了一个先升高后降低的过程。

比较不同的 α 取值对解的存在性与稳定性影响，流动方向判定为直线 $\Delta T_2 = \Delta T_1/\alpha$。而对于本书 4.2 节中，$\alpha = 1$，流动方向判定为直线 $\Delta T_2 = \Delta T_1$，因此，E_2/E_1 的取值不会影响对系统的流动方向的判定。另外，α 取值与 E_2/E_1 的取值对地下建筑热压通风的解的存在性和稳定性都将产生影响，其表现出的特点如前述各自的相图、线素图和流体分支图所示。由前述分析可知，不能仅仅从质量和能量平衡式是否有解来判定其是否真实稳定存在，而应通过对系统的动态发展过程进行综合分析和评价。

4.4 风压的影响

研究围护结构上的风压分布受到了广泛关注。风压系数主要是描述围护结构表面的压力分布情况。通过对典型建筑的 CFD 模拟、风洞试验和现场实测，研究人员获得了一些风压系数的数据库。利用这些数据库，可以用来处理一些更加普遍的风压通风的工程案例。而这些风压系数的数据库包括：① ASHRAE[190]；② AIVC/CIBSE[191]；③ CpGenerator [192–194]；④ CPCALC+[151, 195]。这些数据库被称为间接资源，被用来作为能耗模拟及风量计算的输入参数。而对目标建筑的现场实测、CFD 模拟或风洞实验所获得的风压分布被称为直接资源。研究表明 [196–200] 选用不同的数据库，将影响风量计算的准确性。首先，利用面平均风压系数替代局部风压系数将引起计算的不确定性。其次，不同数据库的 C_p 值将对多区域 – 能耗耦合计算模型（AFN–BES）准确性产生影响。再次，不同的网格划分类型及尺寸也将对风压计算产生影响。最后，来自直接和间接的资源的压力分布情况也将对风压通风的预测产生差异性。总体来讲，直接获取风压分布的方式比利用间接数据更加准确。

如图 4–23 及图 4–24 所示，可通过直接方式如 CFD 模拟、风洞实验或现场实测获得出入口的 C_p 值。也可以通过间接方式如风压系数的数据库获得 C_p 值。根据风压系数定义可以计算风压引起的出入口压差为：

$$\Delta P = \frac{1}{2}\rho_{\mathrm{a}}\overline{V}^2(C_{p1} - C_{p2}) \tag{4-100}$$

其中，$\overline{V}$ 为自由来流的速度（m/s）；ΔP 为出入口的风压差（Pa）；C_{p1} 为竖井 1 开口处的平均风压系数；C_{p2} 为竖井 2 开口处的平均风压系数。

由图 4–24 可知，对于不同的情形下，可根据风压系数求解出入口风压差。图 4–24（c）和图 4–24（d）中，尽管来流方向不同，但是出入口的风压将近似相等，风压差将近似为零。此时，将无须对前文中的热压通风模型进行修正。图 4–24（a）的风压差将大于零，而图 4–24（b）的风压差将小于零。此时，需要对前文中的热压通风模型进行修正。

对于流动状态 1，压力平衡方程可以修正为：

图 4-23　地下建筑开口处

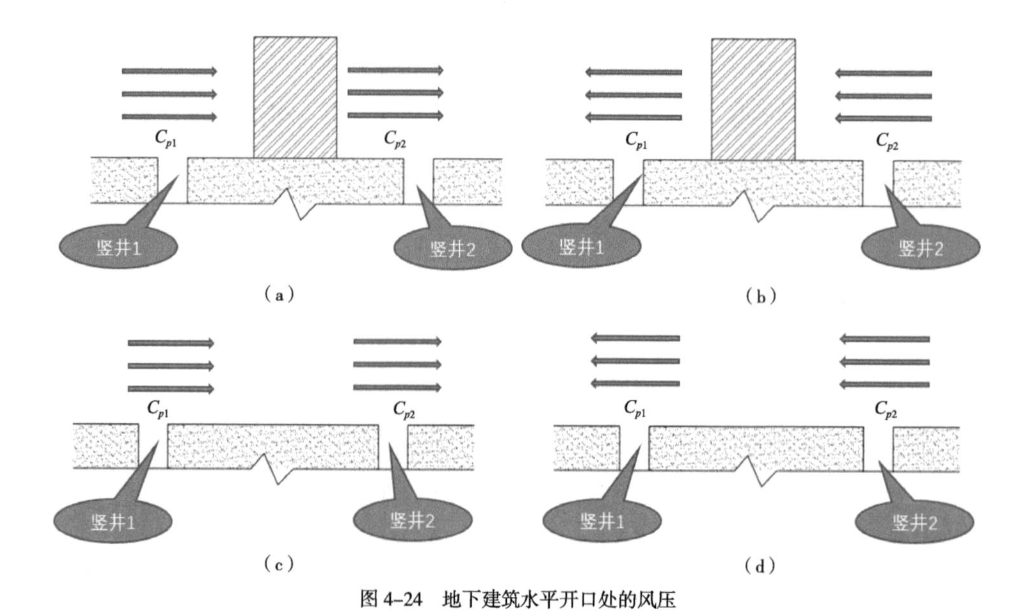

图 4-24　地下建筑水平开口处的风压

$$-\frac{T_1-T_a}{T_a}\rho_a gH_1+\frac{T_2-T_a}{T_a}\rho_a gH_2+\Delta P=S_1q_1^2+S_2q_2^2 \tag{4-101}$$

对于流动状态 2：

$$\frac{T_1-T_a}{T_a}\rho_a gH_1-\frac{T_2-T_a}{T_a}\rho_a gH_2-\Delta P=S_1q_1^2+S_2q_2^2 \tag{4-102}$$

加入风压的影响后，将变成双竖井热压及风压的综合作用。前述的单纯热压通风的判定条件将不再适用。但是，当风压大小已知时，分别对两种流动状态的压力平衡方程进行式（4-101）及式（4-102）的修正，修正后，仍可利用非线性动力学理论对该特定案例的自然通风的多解的存在性及稳定性进行判定。

另一种情况是风压作为扰量，对系统进行短暂性作用。如图 4-25 所示，根据内部热源比及高度比的不同关系，风压对系统的稳定性影响不同。有些情形，风压作用后，只要风压作用消失系统将回到原来的平衡，而另一些将从一种平衡状态转换到另一种平衡状态。对于图 4-25（a），由于只有一个稳定解，风压的扰动作用只能使流动状态短暂偏离稳定状态，一

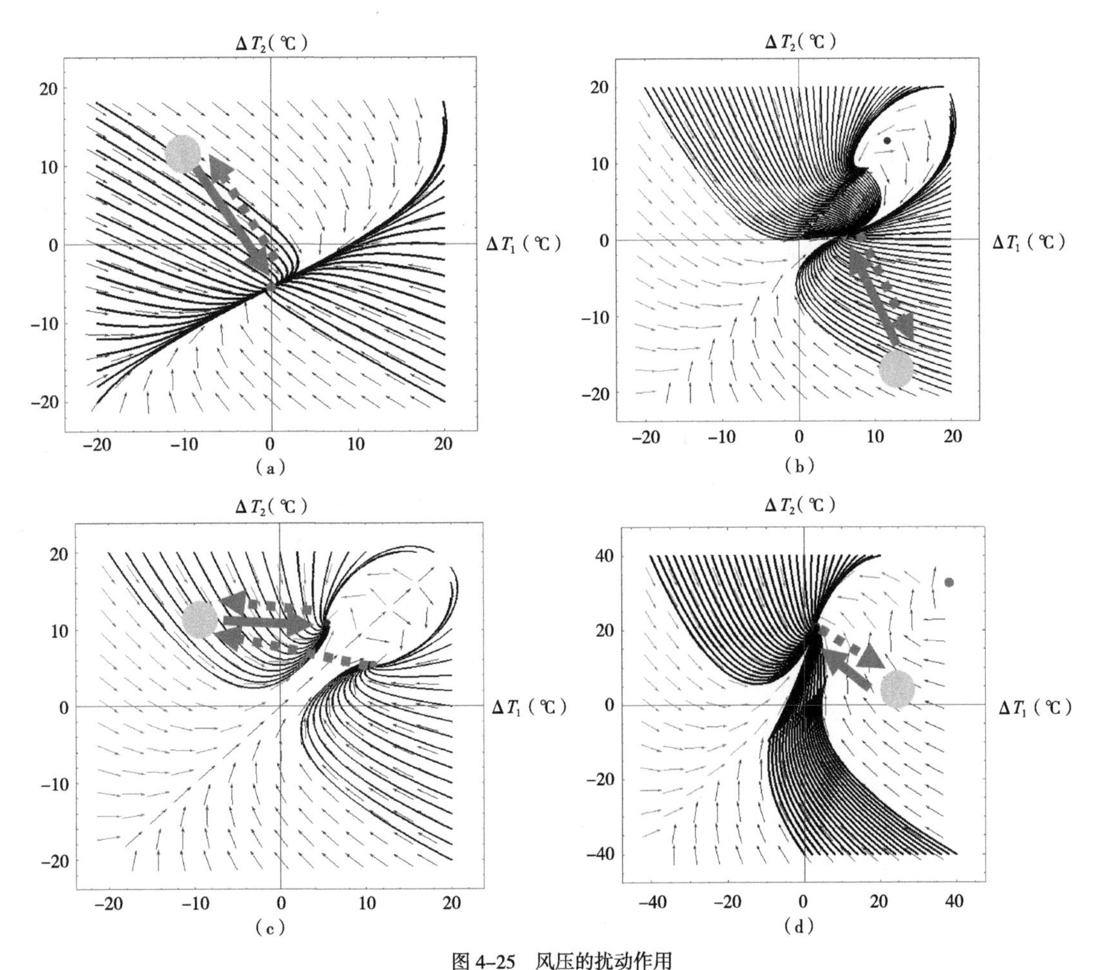

图 4-25　风压的扰动作用

（a）只有一种状态且稳定；（b）状态 1 不稳定，状态 2 稳定；（c）状态 1 和状态 2 都稳定；（d）状态 1 稳定，状态 2 不稳定

旦风压消失，系统将沿着其相平面上的轨线回到原来的平衡点。对于图 4–25（b），状态 1 具有一个非稳定解，而状态 2 具有一个稳定解。当风压作用时，若系统从状态 2 中的稳定解到图中的任意黄色圆点，在风压消失后，系统将回到状态 2 的稳定解。对于图 4–25（c），系统在状态 1 和状态 2 各有一个平衡解，风压的扰动作用既可以使流动状态发生变化，也可以使流动状态保持不变。此时需判定风压的作用是否使系统状态穿过直线 $\Delta T_2=\Delta T_1/\alpha$，若穿过该直线，系统的流动方向发生逆转，最终流动状态将发生变化；若未穿过该直线，则流动状态将不会发生变化。对于图 4–25（d），状态 1 具有一个稳定解，而状态 2 具有一个非稳定解，风压作用消失后，系统仍将回到状态 1 的稳定解。因此，应特别关注当系统具有两个稳定解的情形（即左右竖井热压相当的情形），此时，风压的扰动作用将有可能使系统流动状态发生转换。而是否转换跟风压的作用方向，大小及持续时间都有关。在足够大强度的风压持续作用一段时间后，若能使系统从一个状态点的吸引区域（attractor region）向另一个状态点的吸引区域（attractor region）过渡，则系统的通风状态将发生变化。

4.5　本章小结

本章主要利用非线性动力学理论对地下双开口建筑的热压通风的解的存在性和稳定性进行了分析。分别对单热源且变竖井高度比、双热源且竖井高度相等以及等热源强度且变竖井高度比的情形进行了热压通风的多态性分析。通过对以上三种情形进行模型的建立、公式的推导及通风发展过程的分析，得到如下结论：

（1）得到了瞬时流动方向的判定依据 $\Delta T_2=\Delta T_1/\alpha$。

（2）得到三种情形下的解的存在的数量及各自的稳定性情况：情形 1 恒定有两种稳定状态;情形 2 根据不同的热源比取值，可分为状态 2 绝对占优、状态 2 相对占优、两种状态相当、状态 1 相对占优等四个区域；情形 3 根据 α 取值不同，可以分成状态 2 绝对占优、状态 2 相对占优、两种状态相当、状态 1 相对占优和状态 1 绝对占优等五个区域。

（3）利用非线性动力学理论，研究了分别以竖井高度比和热源强度比为控制参数的流体分现象。

（4）采用了龙格 – 库塔法，对非线性常微分方程进行了数值求解，得到了在不同热源强度比和竖井高度比时，各自的相图、线素图和流体分支图，对地下建筑热压通风系统多态性的形成和发展过程进行了分析。

（5）得出了双开口、双区域地下建筑热压通风的解的存在性和稳定性的判据。该判据如表 4–1 和表 4–2 所示。

（6）提出了有风压作用时，对模型的修正方法以及风压扰动作用对系统稳定性的影响。当左右竖井热压相当时，短暂的风压作用可以使通风状态发生转换。

第5章

案例分析

5.1 工程概况

本章以新疆某水电站夏季自然通风为例，分析其热压通风的多态性。该水电站共有四台水轮发电机组，厂内发热设备主要有发电机组、母线、主变机组、照明、控制柜等。如图 5-1 所示，左边为进口交通洞，发电机组及其他主要设备在主厂房内，母线出线洞和排风竖井共用。发电机组尺寸直径约为 3.6m，高度约 1.2m，主厂房尺寸为 36m（L）×9m（W）×8m（H），进口交通洞截面尺寸为 3.1m（L）×4.5m（W），入口交通洞总长约为 170m，交通洞入口底部距主厂房底部高差 H_1 约为 86m，排风竖井顶部距主厂房底部高度差 H_2 约为 140m，排风竖井直径约为 6m。

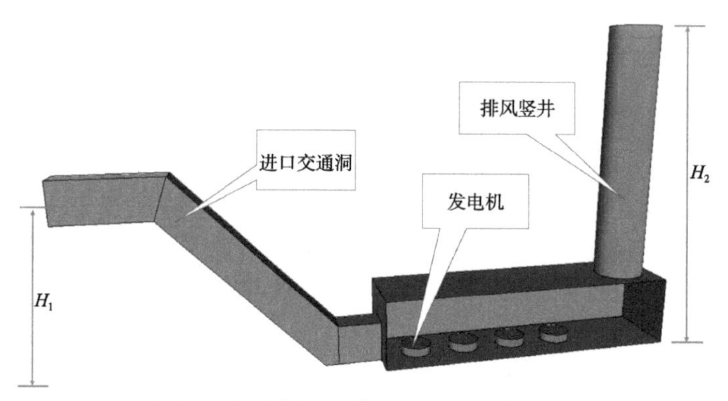

图 5-1　新疆某水电站轴测图（非按比例作图）

如图 5-2 所示，该地下工程可能存在两种流动状态。流动状态 1 为室外空气从左边进口交通洞进入流经主厂房，然后从排风竖井流出；流动状态 2 为室外空气从右边排风竖井流入，流经主厂房，然后从进口交通洞流出。为了简化计算，此处厂房并没有单独划分区域。因为划分两个区域，有利于将常微分方程的数目控制为 2 个，这样有利于动态系统平衡解的稳定性和存在性分析。因为主厂房区域只与区域 1 和区域 2 相连，要在未单独划分区域的情况下，不影响计算结果，需要将主厂房划分给区域 1 或者区域 2。若为流动状态 1，主厂房的热量主要被带入区域 2，此时将其划入区域 2；若为流动状态 2，则主厂房的热量主要被带入区域 1，热量主要为竖井 1 形成热压做贡献，此时应将其划入区域 1。该地下水电站的自然通风系统由安全洞、主厂房和排风竖井三部分组成：第一部分是安全洞的降温作用；第二部分主厂房部分有洞壁的降温作用，但主要是设备、灯光、人员等的加热作用；第三部分是竖井中电缆的加热作用，但主要是井壁的降温作用。

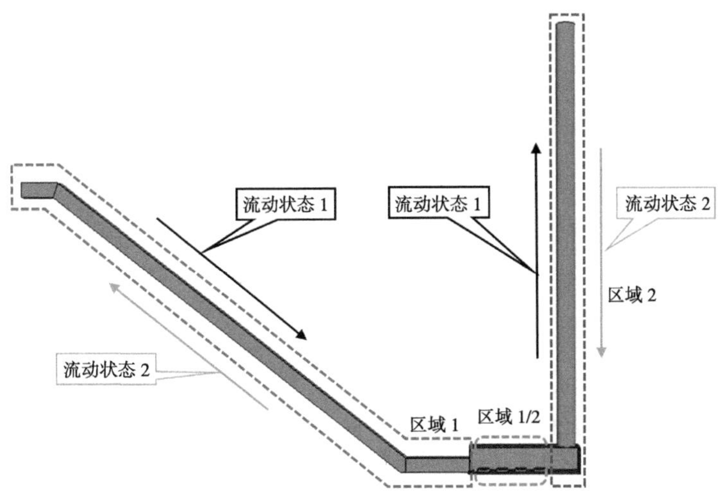

图 5-2　水电站流动状态示意图

5.2　现场测试的情况

根据该工程的自然通风的测试报告[201]，本章主要针对其夏季工况进行分析，其主要测点布置如图 5-3 所示。测试主要是通过手持式仪器完成，温度测试是通过取同一横截面的多测点的平均温度，而流量是通过测定主厂房门洞处多测点的平均流速求取。

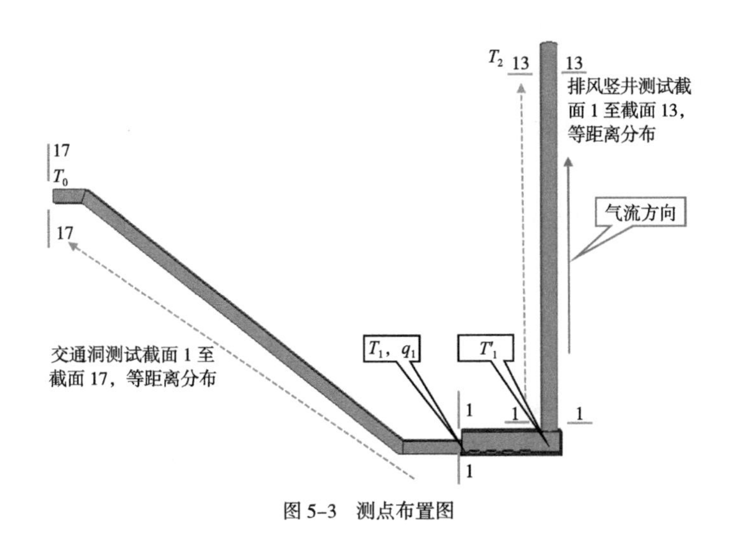

图 5-3　测点布置图

交通洞被分成了 17 段，测试了其壁面温度、平均干球温度和平均湿球温度。其中断面 17 为交通洞入口与室外相连处，即室外干球温度 T_0 为 23.4℃。断面 1 为距离安全门处，温度 T_1 为 14.4℃。通过断面风速法，求得安全门处通风量 q_1 为 3.22m^3/s。由图 5-4 可知，与第 2 章中分析相似，从交通洞入口处往主厂房方向，沿着隧洞长度方向温度变化呈指数变化趋势。空气温度梯度在入口段变化明显，而距离入口越远，变化趋势越缓慢。另外，根据图中空气

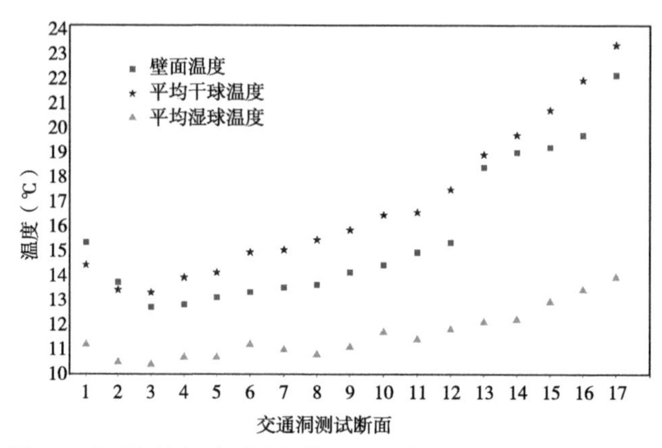

图 5-4　交通洞实测温度（测试时间为 1984 年 8 月 7 日 12：00~13：00）
来源：根据测试报告[201]绘制

温度和壁面温度的变化趋势可知，在夏季温度较高时，隧洞对空气的降温效果明显。热压通风的稳态分析中，主要是对动态变化过程的稳定性进行分析，这里仍然只考虑入口和出口的空气状态，而进出口之间仍然按温度均匀分布考虑。取 14.4℃时的空气比热为 1.01kJ/（kg·K），密度为 1.22kg/m^3。这样可以获得壁面对空气的冷却量为 34.9kW，而围护结构表面积约为 2584m^2，故围护结构平均冷却量约为 13.5W/m^2。

排风竖井被分成 13 段，其中编号 1 为竖井与厂房连接处附近，编号 13 为排风井出口处附近。由图 5-5 可知，T'_1 为 23.4℃，T_2 为 19.9℃。可求得排风竖井在抵消了母线散热量外，仍对排风空气有降温作用，排风竖井的吸热量为 13.9kW。由安全洞出口温度及厂房出口温度可知，厂房的净散热量为 44.4kW，该散热量扣除了厂房的围护结构吸热量。根据以上关系可知，隧道的质量流量阻抗系数为 1.55kg^{-1} · m^{-1}。

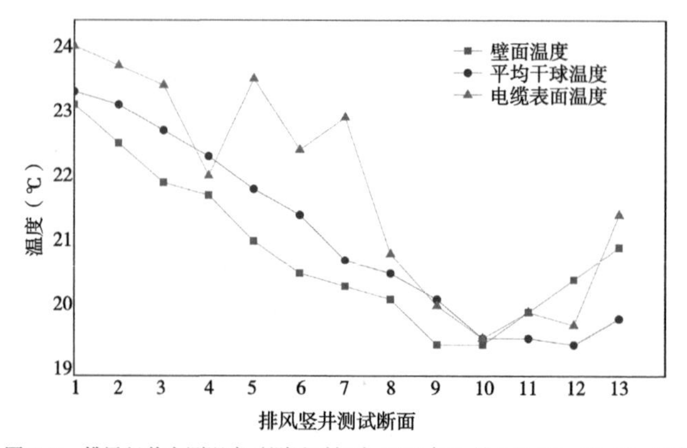

图 5-5　排风竖井实测温度（测试时间为 1984 年 8 月 6 日 18：00~20：00）
来源：根据测试报告[201]绘制

根据以上的实测数据可知，夏季工况左侧的隧洞的吸热量按恒定冷量 34.9kW，厂房的综合散热量为恒定热源 44.4kW，右侧排风竖井在扣除母线散热量后的综合吸热量为 13.9kW。左侧交通洞高度 H_1 为 86m，右侧竖井高度 H_2 为 140m，则竖井高度比 α 为 1.628，系统质量流量阻抗系数 S 为 $1.55\text{kg}^{-1}\cdot\text{m}^{-1}$。室外温度按 23.4℃，室外空气密度按 1.2kg/m^3 考虑，空气的比热为 1.01kJ/（kg · K），只考虑洞室内空气的蓄热能力，左侧交通洞空气质量约为 2372kg，中部厂房空气质量约为 2592kg，右边竖井空气质量约为 3956kg。

5.3　工程的非线性动力学分析

对平衡态 1，参考式（4–66）和式（4–67），可以建立如下的常微分控制方程组：

$$M_1 C_p \frac{\mathrm{d}\Delta T_1}{\mathrm{d}t} = -\sqrt{\frac{\rho_\mathrm{a} g H_1}{T_\mathrm{a}(S_1+S_2)}}\sqrt{-\Delta T_1+\Delta T_2\alpha}\, C_p \Delta T_1 + E_1 \tag{5–1}$$

$$M_2 C_p \frac{\mathrm{d}T_2}{\mathrm{d}t} = -\sqrt{\frac{\rho_\mathrm{a} g H_1}{T_\mathrm{a}(S_1+S_2)}}\sqrt{-\Delta T_1+\Delta T_2\alpha}\, C_p(\Delta T_2-\Delta T_1) + E_2 \tag{5–2}$$

状态 1 为流动从左往右，厂房空气的热质量和净散热量均考虑入区域 2，其中 M_1 为 2372kg，M_2 为 6548kg，E_1 为 –34.9kW，E_2 为 30.1kW。

该流动状态成立的条件为 $-\frac{T_1-T_\mathrm{a}}{T_\mathrm{a}}\rho_\mathrm{a} g H_1 + \frac{T_2-T_\mathrm{a}}{T_\mathrm{a}}\rho_\mathrm{a} g \alpha H_1 > 0$，即 $\alpha\Delta T_2 > \Delta T_1$。

可得状态 1 的非线性常微分方程线性化后的序数矩阵为：

$$\boldsymbol{A}_1 = \begin{bmatrix} -0.0027090238776366496 & 0.0017279301671147842 \\ 0.0009284552361010739 & 0.000928455236101074 \end{bmatrix}$$

其特征值为：

$$\lambda_1 = -0.0034136149526607907,\ \lambda_2 = -0.0004320920967071185$$

由于特征方程的两个特征值都小于零，可知该平衡状态是稳定的。

对平衡态 2，参考式（4–76）和式（4–77），可以建立如下的常微分控制方程组：

$$M_3 C_p \frac{\mathrm{d}\Delta T_1}{\mathrm{d}t} = -\sqrt{\frac{\rho_\mathrm{a} g H_1}{T_\mathrm{a}(S_1+S_2)}}\sqrt{\Delta T_1-\alpha\Delta T_2}\,(\Delta T_1-\Delta T_2) + E_3 \tag{5–3}$$

$$M_4 C_p \frac{\mathrm{d}\Delta T_2}{\mathrm{d}t} = -\sqrt{\frac{\rho_\mathrm{a} g H_1}{T_\mathrm{a}(S_1+S_2)}}\sqrt{\Delta T_1-\alpha\Delta T_2}\,\Delta T_2 + E_4 \tag{5–4}$$

状态 2 为流动从右往左，厂房内空气的热质量和净散热量均考虑入区域 1，其中 M_3 为 4964kg，M_4 为 3956kg，E_3 为 9.5kW，E_4 为 –13.9kW。

该流动状态成立的条件为 $-\frac{T_1-T_a}{T_a}\rho_a gH_1+\frac{T_2-T_a}{T_a}\rho_a g\alpha H_1<0$，即 $\alpha\Delta T_2<\Delta T_1$。

可得状态 2 的非线性常微分方程线性化后的序数矩阵为：

$$A_2=\begin{bmatrix}-0.0008696952420129228 & 0.0009825826614635147\\ 0.0003300782603238861 & -0.0014030396991448302\end{bmatrix}$$

其特征值为：

$$\lambda_1=-0.0017652102593652497，\lambda_2=-0.0005075246817925034$$

由于特征方程的两个特征值都小于零，可知该平衡状态 2 也是稳定的。

实际上这里套用本书 4.3.2 节中的平衡解稳定性和存在性判据：在 $\kappa<-1$ 时，若 $0<\alpha<\frac{1+\kappa}{\kappa}$，状态 1 无解，状态 2 也无解；若 $\alpha>\frac{1+\kappa}{\kappa}$，状态 1 无解，状态 2 有稳定解，流体分岔点为 $\alpha=\frac{1+\kappa}{\kappa}$。

以上判据是基于左侧是热源，右侧是冷源建立的判别关系式。对于该水电站项目的状态 1，左侧为冷源，右侧为热源，且流动为从冷源侧流向热源侧，因此，对应判据中的流动状态 2，且热源比 $\kappa=\frac{E_1}{E_2}$=-1.159468，而竖井高度比 $\alpha=\frac{H_1}{H_2}$=0.614286，$\frac{1+\kappa}{\kappa}$=0.1375358，可知 $\alpha>\frac{1+\kappa}{\kappa}$，因此所对应的状态具有稳定解。同时可知，当 H_2 不变时，若左边交通洞高度 $H_1<19.26$m 时（$\alpha<\frac{1+\kappa}{\kappa}$），该状态将不存在。

对于该水电站的状态 2，由于左侧为热源，右侧为冷源，且流动为从冷源侧流向热源侧，因此可直接套用判据，对应判据中的流动状态 2。热源比 $\kappa=\frac{E_4}{E_3}$=-1.46316，而竖井高度比 $\alpha=\frac{H_2}{H_1}$=1.627907，$\frac{1+\kappa}{\kappa}$=0.3165468，可知 $\alpha>\frac{1+\kappa}{\kappa}$，根据判定条件，可知该状态也为稳定状态。同时可知，当 H_1 不变，若右边排风竖井高度 $H_2<27.2$m 时（$\alpha<\frac{1+\kappa}{\kappa}$），该状态将不存在。

由以上分析验证可知，对于本书 4.3.2 节中所求得的解的稳定性及存在性判别关系式，对于双区域地下建筑的热压通风多态性的判别具有适用性，只要知道具体的热源比、高度比和流动方向，就可以根据 4.3.2 节中的判别关系式，判别其解的存在性和稳定性。另外，在设计阶段根据以上判别式可以通过优化竖井高度比、热源分布等，避免不利的通风流动状态，诱导有利的通风流动状态，实现自然通风的优化。

利用 4 阶龙格－库塔法求解状态 1 的控制常微分方程组，可得到如图 5-6 与图 5-7 的两个区域的动态温度变化过程。通过改变初始温度，获得了不同的温差变化曲线，其中区域 1 与室外的初始温差设定为 -20~20℃，而区域 2 与室外温差设定为恒定的 20℃。由图 5-6 可知，当初始温差高于平衡温差时，区域 1 主要经历的是一个降温过程，整个过程维持的时间较长，约为 1000s。该持续时间主要与区域中的蓄热质量有关，因为区域中总蓄热质量较大，相对于本书第 4 章中理论分析部分所取为单位质量相比，该实际工程中需要加热或冷却该空间所需要的热量更多，所需要的动态发展时间也更长。而对于区域 2，虽然初始温度相同，但是其温度变化过程并不相同，主要是由于空气先经过区域 1，再流向区域 2，区域 2 的温度变化受到

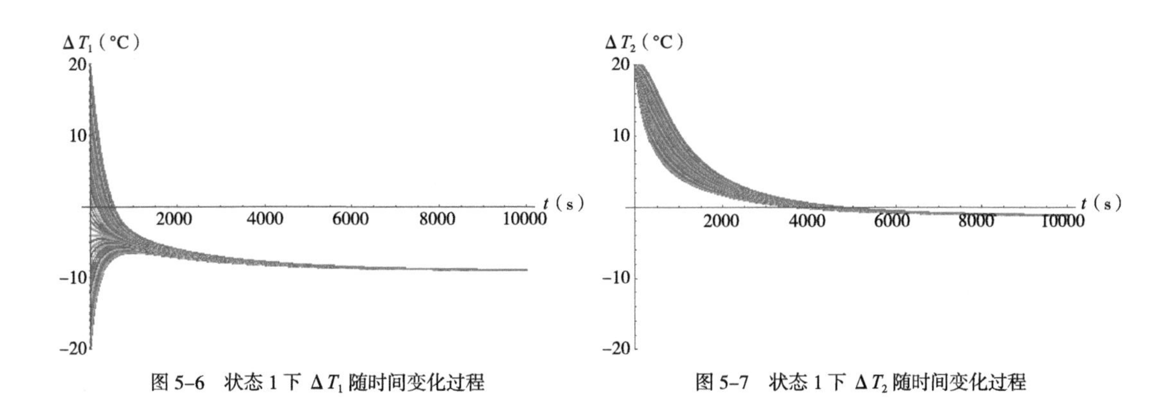

图 5-6　状态 1 下 ΔT_1 随时间变化过程　　图 5-7　状态 1 下 ΔT_2 随时间变化过程

区域 1 的温度变化的影响。

图 5-8 与图 5-9 描述的是流动状态 2 下，两个区域的动态温度变化过程。通过改变初始温度，获得了不同的温差变化曲线，其中区域 1 与室外的初始温差设定为 -20~20℃，而区域 2 与室外温差设定为恒定 -20℃。由图 5-8 可知，当初始温差高于平衡温差时，区域 1 主要经历的是一个降温过程，整个过程维持的时间也较长，约为 1000s。该时间主要也是由于区域中的较大的蓄热质量所引起的。相对于图 5-6，图 5-8 的区域 1 温度变化相对较缓，而状态 1 中区域 1 的温度变化更快，不同的初始温差在经历了相同时间后，所达到的室内温度相对更集中，而状态 2 中区域 1 的温度则相对更加分散。而对于区域 2，虽然初始温度相同，但是其温度变化过程并不相同，主要是由于不同的初始状态下，所形成的整体温度分布不同，从而热压不同，在流动阻抗恒定的情况下，对于区域 2 中所形成的流量大小不同，流量的变化率不同，从而在区域 2 恒定吸热量的情况下，区域 2 的温度变化规律不同。

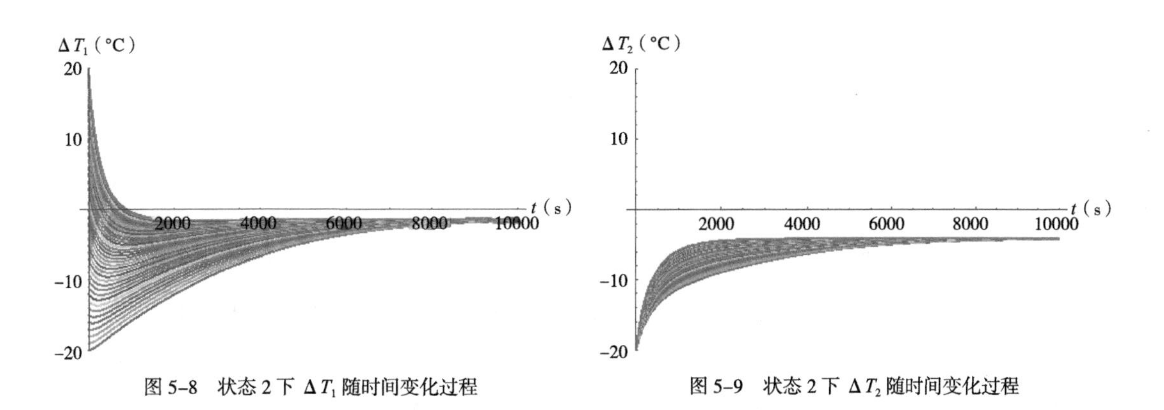

图 5-8　状态 2 下 ΔT_1 随时间变化过程　　图 5-9　状态 2 下 ΔT_2 随时间变化过程

图 5-10 是该水电站热压通风系统在室外干球温度为 23.4℃，标准大气压下，水电站热压通风系统的相图及线素图，从图中可知两个区域的温度耦合变化过程及最终平衡状态。横坐标是区域 1 与室外的温差，纵坐标是区域 2 与室外的温差。由图可知，在特定的边界条件下，相图是唯一的，只要知道任何一时刻的两区域的温度分布，在没有扰量的影响下，动态系统的

发展路径和最终状态都是确定的。由图 5–10 可知，平衡状态点 1 为（–8.93℃，–1.23℃），其对应的平衡质量流量由计算可得为 3.91kg/s；平衡状态点 2 为（–1.28℃，–4.06℃），其对应的质量流量为 –3.42kg/s。比较两种状态可知，平衡状态 1 所形成的热压强度大于状态 2，状态 1 通风量大于状态 2。线素图中两种不同的颜色，分别表示了各自的状态所覆盖的范围。当初始状态点落在红色区域，在没有扰量的作用下，将形成状态 1；当初始状态点落在蓝色区域，在没有扰量作用下，将形成状态 2。由前面的理论分析可知，两种状态的分界线为直线 $\alpha\Delta T_2=\Delta T_1$。所表述的是在特定边界条件下，两边竖井的热压强度相对强弱的分界线。红色区域表示区域 2 的热压作用占主导，且倾向于形成流动状态 1；而蓝色区域则表示区域 1 的热压占主导，且倾向于形成流动状态 2。该图能描绘典型初始状态到最终状态的发展变化轨迹，称之为轨线。以点（–20°C，20°C）为例，随着时间推移，区域 2 的温度不断降低，而区域 1 的温度经历了先上升后降低的过程。区域 1 温度上升是由于内部初始温度远低于室外温度，主要是室外高温空气带入区域 1 的热量起主导作用，区域 1 表现为温度升高。而后期区域 1 的降温，主要是因为区域 1 中围护结构对空气的冷却起主导作用。

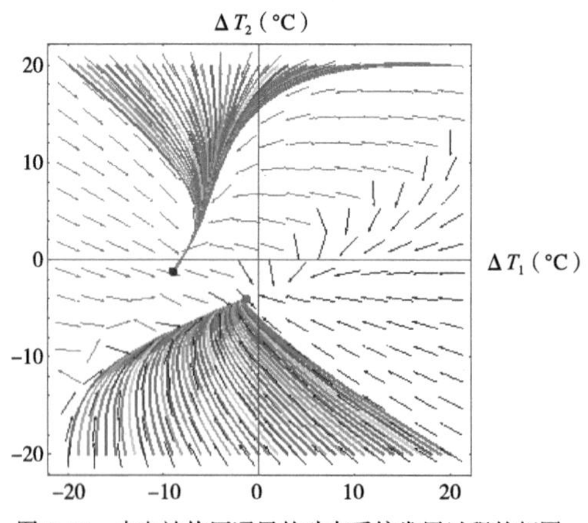

图 5–10　水电站热压通风的动态系统发展过程的相图

总体而言，无论状态 1 或状态 2，两区域平衡状态下的平均温度都低于室外空气温度。这是由于岩土的温度相对夏季室外温度较低，尽管有内部厂房散热，但厂房围护结构对空气的冷却作用所占比例较大。厂房散热，有一部分被围护结构的吸热作用抵消。而岩土常年温度变化较小，冬季时，室外温度将低于岩壁温度，岩壁和厂房都将是对空气的加热作用，室内外温差将加大，厂房和围护结构对热压的形成相互加强。因此，夏季的热压通风强度相对于冬季较弱。由于这里只有夏季的围护结构吸热的数据，并未对冬季工况进行测试，所以只针对夏季通风多解性进行了分析。

5.4　本章小结

本章主要利用第 4 章中的非线性动力学理论对某水电站夏季热压通风工况的解的存在性和稳定性进行了分析。首先通过对某夏季测试工况数据进行分析处理，得到夏季典型工况下的围护结构吸热情况和厂房散热情况，并进行了适当简化。以实测数据为基础，通过对第 4 章中模型的应用和改进，进行了以下分析：

（1）分析出该地下水电站夏季热压通风工况下，存在两种稳定的通风流动状态。

（2）得到了各区域在两种流动状态下，温度随时间变化的曲线。通过分析对比得知，与第 4 章相比，该系统所需达到平衡状态的时间更长，约为 1000s，这主要与系统本身的蓄热体质量有关。

（3）获得了该地下水电站夏季热压通风的动态系统变化的相图，根据相图可以判定在不同的历史条件或初始条件下，其通风状态趋向平衡状态的动态发展路径。同时，状态 1 所形成的热压大于状态 2，最终形成的通风量也大。

（4）通过该实际工程的应用分析，对本书 4.3.2 节中所推导出的双开口地下建筑热压通风解的存在性和稳定性判别关系式进行了验证，说明其具有适用性。只要已知双开地下建筑热源比、高度比和气流流动方向，则可以判定该解的存在性及稳定性。在设计阶段，根据以上判别式，可以通过优化竖井高度比、热源分布等，避免不利的通风状态，诱导有利的通风状态，实现自然通风的优化。

另外，本章由于只有夏季特定工况下的围护结构传热实测数据，所以只对夏季工况进行了多解分析，而冬季工况并未做分析。但是可以推断，由于岩土温度常年变化不大，冬季时，交通洞、主厂房和排风洞将都是以放热为主，热压的强度将比夏季更大，通风量也将更大。此外，长直隧道采用均匀混合假设求解热压存在较大误差，虽然对整体的热压通风的多解的动态变化过程影响不大，但是并不能获得沿隧道长度方向的温度分布。最后，本章为了方便分析，采用了两区域法，每个区域只有一个完全混合温度，即求解 2×2 的常微分方程组的解及其稳定性。未来研究工作可划分更多区域，通过求解 $N\times N$ 的常微分方程组及其稳定性获得更精确的温度分布。

第6章

结论与展望

近年来由于建筑节能减排的要求，热压通风等被动式节能技术的研究备受关注。由于水力发电的清洁环保及对发展的可持续性，地下水电站的建设在我国呈现迅猛的发展势头。地下水电站作为地下建筑，其热压通风存在其独特性。本书通过对某地下水电站热压通风的多区域模拟研究发现，地下建筑热压通风存在多解现象，即当地下建筑几何结构不变，各边界条件不变的情况下，地下建筑的风量分布、温度分布和热压分布可能存在不同的状态。这种地下建筑热压通风的多态性，直接影响到地下建筑的通风效果及火灾时排烟的安全性。因此本书通过文献调研、一维多区域网络模拟、CFD 数值模拟、实验研究和非线性动力学理论分析等方法对该地下建筑热压通风的多解性开展了多态现象展现及可视化、实验测试数据分析、CFD 模拟数据分析及解的稳定性和存在性分析等研究工作。

6.1 本书研究结论

6.1.1 一维多区域网络模型研究结论

本书总结提炼了一种以传热和流动耦合为基础的一维多区域网络模型，给出了详细耦合程序框架，并模拟了某地下建筑的自然通风状况，以回路压力平衡和节点质量流量平衡为基础建立了通风网络模型。将单元热平衡、节点处气流混合过程的热平衡方程、等温方程和围护结构传热方程相结合，建立了传热模型。通过对计算求解，预测了自然通风与传热耦合的动态变化过程。该模型可应用于建筑自然通风、机械通风、混合通风和火灾烟气通风的研究。

通风模型和传热模型分别进行了验证。通过模拟地下水电站在不同运行工况下的自然通风，对模拟结果与实验结果进行了对比。模拟通风量与实验测试通风量相比，整体吻合度较高。此外，通过传热模拟与现场实测结果的对比，验证了洞室岩石与气流间传热的模型的准确性。

另外，对该模型的单元的划分进行了进一步的分析讨论：

（1）对长直隧道单元划分时，考虑到隧洞的温度分布一般为指数分布，可采用将一段隧洞划分成多个单元的方法，每个单元温度分布模型按线性分布考虑，通过用多段“线性温度分布模型”来近似计算整个长直隧洞的指数温度分布。对于地下水电站，建议单元长度取值按起始段较小、而后取值较大的原则，这主要是为了更接近隧洞的指数温度变化规律，同时又不大幅度增加计算量。以某水电站的测试数据为例，前 20m 的温度变化为 0.2℃，而隧道末端 20m 的温度变化为 0.02℃。对比隧道沿长度方向的热压分布的结果，前 20m 相对误差为 0.4%，末端 20m 相对误差为 0.0005%，整个隧道相对误差为 0.003%。当长度增加到 100m 时，前 100m 的温度变化为 0.9℃，而隧道末端 100m 的温度变化为 0.1℃。与模型计算的热压结果相比较，前 100m 相对误差为 2.16%，末端 100m 相对误差为 0.014%，整个隧道相对误差为 0.08%。根据敏感性分析，前 100m 内气流温度变化较大，但即使单元尺寸为 100m，热压计算的相对误差仍在可接受的精度（2.16%）范围内，因此在地下建筑的热压通风中，单元尺寸在隧道的入口处取值相对较小。在第一个100m之后，可以增加单元长度以减少计算量。

（2）地下大空间厂房有多个开口时，不同的单元划分方式会产生不同空气流动方式，从而影响整体的计算结果。但是实际工程中，地下空间本身的温度分布及所对应的热压分布对深埋的地下建筑整体热压通风计算影响不大，通常主厂房高度占主排风洞高度的不到5%。所以用一维模型来描述该区域，对整体通风计算的影响不大。对埋深较浅的地下建筑，应充分注意空间内部单元划分方法对通风计算的影响。

（3）对大开口单独划分单元，利用COMTAM中的单流向模型来等效计算具有双流向的大开口的净流量。

6.1.2 CFD模拟及实验研究结论

利用实验的方法再现了具有单个局部热源情况下，地下建筑的热压通风的多态性。实验表明，对于单热源双开口地下建筑，它具有两种稳定状态，且两种状态的室内温度分布和总流量大小不同。烟气可视化则更加清晰地看到两种状态下气流的流向不同。

局部热源对整体通风的影响。模拟表明，尽管该双开口地下建筑几何形状是对称的，但由于热源位置并非处于建筑中心，而是偏向一个角落，最终所形成的两种状态的热压通风量并不完全相同。内部的局部热源造成室内空气温度升高，从而产生的密度差，是整体流动的驱动力。但是在热源附近区域形成的局部热羽流，它既可以作为局部驱动力，也可以作为局部阻力，这取决于热羽流的方向和整体流动方向。当整体流动方向与局部热羽方向相同时，局部热源将辅助整体流动，该流动实际表现为置换通风。然而，当整体气流方向与局部热羽流方向相反时，局部热源会阻碍整体气流并形成一个局部阻力，该流动表现为混合通风。

初始流速对多态形成过程的影响。当初始流速强度较弱时，整体气流方向倾向于沿着局部热源产生的热羽流的发展方向流动。而当初始流速强度达到一定范围时，初始速度会改变这种趋势，从而形成与热羽流反向的流动。然而，一旦达到稳定状态，它将不再与初始流速有关。然后，定义了临界初始流速，即要改变无干扰情况下局部热羽流的自然发展方向，该初始流速的强度应大于平衡状态下流速的大小。该结论只适用于两边竖井高度相等的情形。该临界速度的强度，可以通过CFD模拟的方法，从平衡流速出发，通过逐步改变初始流速强度，利用参数“扫描法”获取。对临界速度的确定，有利于指导自然排烟和自然通风的设计。从而避免了不必要的倒流，并且诱导稳定的流动状态。

热压通风的发展过程中可能会出现临时局部温度过高且无法散出的现象。这是由于在稳定状态尚未形成时，热羽流到达建筑顶部后，向两边竖井蔓延，两边竖井热压强度相当，从而引起的暂时热量无法向外排出的现象。如果在实际工程中遇到该现象，需要进行短时间的强制通风（机械通风辅助热压通风），以避免室内温度过高。

热源位置对热压通风多态性通风量的影响。当局部热源位于竖井正下方时：状态1的整体流动方向与局部热羽流方向相反，稳态通风量将比其他局部热源位置时通风量低；状态 2 的整体流动方向与局部热羽流方向相同，与热源位于其他位置无明显差异。当局部热源不处于竖井正下方时，热源位置对最终通风量无明显影响。

热源位置对稳定状态形成速率的影响。对状态 1，热源越靠近角落形成稳定状态越慢，越靠近中心形成稳定状态花费的时间越短；对于状态 2，局部热源越靠近角落发展到稳定状态所需时间越短，越靠近中心形成稳定状态所需的时间越长。

热源强度对热压通风多态性的影响。当热源强度增大时，稳定状态 1 所需要的初始流动速度越大，否则局部热羽流将主导热压通风的发展过程，形成局部热羽流与整体流动方向相同的流动（即状态 2）。当热源强度增大时，状态 2 达到稳定的时间将越短，形成稳定状态后，其通风量将更大。

模型分析方法和数值方法都被用来研究局部自然对流的不同强度如何影响整体通风率的大小。结果表明，采用模型分析法可以得到稳定状态下的空气流量，而数值模拟的方法可以对分析结果进行验证，并对空气流量的详细分布进行研究。

6.1.3　非线性动力学理论研究结论

利用非线性动力学理论对地下双开口建筑的热压通风的解的存在性和稳定性进行了分析。分别对双区域中只有单个区域有热源且双竖井高度不等、双区域各自都具有热源且双竖井高度相等，以及双区域各自具有相同热源且双竖井高度不等的情形进行了热压通风的多态性分析。对以上三种情形进行了模型的建立和公式的推导：

（1）得到了瞬时流动方向的判定依据 $\Delta T_2 = \Delta T_1/\alpha$，实际表达的是双区域间热压强度的对比。当 $\Delta T_2 > \Delta T_1/\alpha$ 时，区域 2 的热压占主导，流动将从区域 1 流向区域 2（即流动状态 1）；当 $\Delta T_2 < \Delta T_1/\alpha$ 时，区域 1 的热压将占主导，流动将从区域 2 流向区域 1（即流动状态 2）。但这只是初步的判定条件，该解是否确实存在，即最终解的稳定性需要通过对非线性常微分方程在平衡点进行线性化，并对特征方程的特征值进行判定后才能得知。

（2）得到三种情形下的解的存在的数量及各自的稳定性情况：只有一个局部热源的情形下，具有两种流动状态，且两种流动状态恒稳定；双区域双热源变高度比情况下，将出现流体分支现象，对于热源比为 1 时，根据 α 取值不同，可以分成状态 2 绝对占优（$0 < \alpha < 1/2$）、状态 2 相对占优（$1/2 < \alpha < 5/9$）、两种状态相当（$5/9 < \alpha < 9/5$）、状态 1 相对占优（$9/5 < \alpha < 2$）和状态 1 绝对占优（$2 < \alpha$）等五个区域；双区域变热源比变高度比的情况下，热源比不同范围也将出现流体分支现象，对于高度比为 1 时，根据 $\frac{E_2}{E_1}$ 取值不同，可以分成状态 2 绝对占优（$\frac{E_2}{E_1} < 0$）、状态 2 相对占优（$0 < \frac{E_2}{E_1} < 0.2$）、两种状态相当（$0.2 < \frac{E_2}{E_1} < 5$）和状态 1 相对占优（$5 < \frac{E_2}{E_1}$）等四个区域。

（3）利用非线性常微分方程线性化后的特征方程，对地下建筑热压通风系统解的数量及稳定性随热源变化和随竖井相对高度变化特性进行了系统分析，并推导出流体分支现象发生时所对应的竖井高度比和热源强度比。

（4）采用了龙格 – 库塔法，对非线性常微分方程进行了数值求解，并得到了在不同热源强度和不同竖井相对高度时，各自的相图、线素图和流体分支图，对地下建筑热压通风系统多态性的形成和发展过程进行了分析。

（5）推导并总结了变热源比变高度比情形下热压通风稳定性的一般性判据（其中 κ 为热源强度比，α 为竖井高度比）：

在给定 κ 值区间，求解 α 的取值范围，可得到表 6–1 中的判据。

情景 1 下的判据（已知 κ 的取值范围）　　表 6–1

κ	α	状态 1 的存在性及稳定性	状态 2 的存在性及稳定性	两种状态对比关系
$(0, +\infty)$	$\left(0, \frac{1}{1+\kappa}\right)$	不存在	稳定	状态 2 绝对占优
	$\left(\frac{1}{1+\kappa}, \frac{5}{4+5\kappa}\right)$	不稳定	稳定	状态 2 相对占优
	$\left(\frac{5}{4+5\kappa}, \frac{5+4\kappa}{5\kappa}\right)$	稳定	稳定	两种状态相当
	$\left(\frac{5+4\kappa}{5\kappa}, \frac{1+\kappa}{\kappa}\right)$	稳定	不稳定	状态 1 相对占优
	$\left(\frac{1+\kappa}{\kappa}, +\infty\right)$	稳定	不存在	状态 1 绝对占优
$\left(-\frac{4}{5}, 0\right)$	$\left(0, \frac{1}{1+\kappa}\right)$	不存在	稳定	状态 2 绝对占优
	$\left(\frac{1}{1+\kappa}, \frac{5}{4+5\kappa}\right)$	不稳定	稳定	状态 2 相对占优
	$\left(\frac{5}{4+5\kappa}, +\infty\right)$	稳定	稳定	两种状态相当
$\left(-1, -\frac{4}{5}\right)$	$\left(0, \frac{1}{1+\kappa}\right)$	不存在	稳定	状态 2 绝对占优
	$\left(\frac{1}{1+\kappa}, +\infty\right)$	不稳定	稳定	状态 2 相对占优
$(-\infty, -1)$	$\left(0, \frac{1+\kappa}{\kappa}\right)$	不存在	不存在	无平衡状态
	$\left(\frac{1+\kappa}{\kappa}, +\infty\right)$	不存在	稳定	状态 2 绝对占优

在给定 α 值区间，求解 κ 的取值范围，则可以得到表 6–2 中的判据。

情景 2 下的判据（已知 α 的取值范围）　　**表 6–2**

α	κ	状态 1 的存在性及稳定性	状态 2 的存在性及稳定性	两种状态对比关系
$(0, \frac{4}{5})$	$(-\infty, \frac{1}{-1+\alpha})$	不存在	不存在	无平衡态
	$(\frac{1}{-1+\alpha}, \frac{1-\alpha}{\alpha})$	不存在	稳定	状态 2 绝对占优
	$(\frac{1-\alpha}{\alpha}, \frac{5-4\alpha}{5\alpha})$	不稳定	稳定	状态 2 相对占优
	$\frac{5-4\alpha}{5\alpha}, +\infty$	稳定	稳定	两种状态相当
$(\frac{4}{5}, 1)$	$(-\infty, \frac{1}{-1+\alpha})$	不存在	不存在	无平衡态
$(\frac{4}{5}, 1)$	$(\frac{1}{-1+\alpha}, \frac{1-\alpha}{\alpha})$	不存在	稳定	状态 2 绝对占优
	$(\frac{1-\alpha}{\alpha}, \frac{5-4\alpha}{5\alpha})$	不稳定	稳定	状态 2 相对占优
	$\frac{5-4\alpha}{5\alpha}, \frac{5}{-4+5\alpha}$	稳定	稳定	两种状态相当
	$(\frac{5}{-4+5\alpha}, +\infty)$	稳定	不稳定	状态 1 相对占优
1	$(-\infty, 0)$	不存在	稳定	状态 2 绝对占优
	$(0, 0.2)$	不稳定	稳定	状态 2 相对占优
	$(0.2, 5)$	稳定	稳定	两种状态相当
	$(5, +\infty)$	稳定	不稳定	状态 1 相对占优
$(1, +\infty)$	$(-\infty, \frac{1-\alpha}{\alpha})$	不存在	稳定	状态 2 绝对占优
	$(\frac{1-\alpha}{\alpha}, \frac{5-4\alpha}{5\alpha})$	不稳定	稳定	状态 2 相对占优
	$\frac{5-4\alpha}{5\alpha}, \frac{5}{-4+5\alpha}$	稳定	稳定	两种状态相当
	$(\frac{5}{-4+5\alpha}, \frac{1}{-1+\alpha})$	稳定	不稳定	状态 1 相对占优
	$(\frac{1}{-1+\alpha}, +\infty)$	稳定	不存在	状态 1 绝对占优

（6）分析得出，当热源一正一负，热源比和高度比满足一定条件时（在 $\kappa < -1$ 时，若 $0 < \alpha < \frac{1+\kappa}{\kappa}$），存在无稳定解的现象，通过龙格 – 库塔法求解可知，流体将处于来回摆动、方向周期性变化、一直达不到稳定状态的现象。

（7）以新疆某水电站测试数据为基础，利用非线性动力学理论，对该水电站夏季热压通风的多解的存在性及稳定性的理论分析。结果表明，该水电站在夏季热压通风具有两种稳定的通风状态。其结果验证了以高度比和热源比为基础的解的稳定性和存在性判别式的正确性。

6.1.4　本书主要特色

本书通过实验、CFD 模拟、一维网络模型和非线性动力学理论分析相结合的研究方法，对地下建筑热压通风多态性的形成过程和稳定条件等进行了较为深入的研究，主要特色有：

（1）从热压分布的多态性的角度解释了自然通风多解性的形成机理，指出风压与热压的对抗并非自然通风多解形成的必要条件，单独热压作用也能形成自然通风多解。热压推动空气流动，使各区域的温度分布发生变化，形成多种可能的热压分布状态。热压分布与气流运动的这种互为因果的特性是自然通风多解形成的根本原因。

（2）利用缩比模型实验及 CFD 模拟的方法，展现了地下建筑热压分布多态的现象，从空气局部热羽流与整体流动之间的相互作用机制出发，解释了双开口地下建筑在局部热源作用下，两种热压通风稳定状态的形成过程及两种稳定状态的转换条件。

（3）基于平衡状态下的守恒方程得到的多个理论解，并不一定在现实中存在，也不一定稳定。采用非线性动力学方法判定了双区域地下建筑热压通风多解的存在性和稳定性，并推导出基于热源强度比和竖井高度比这两个关键参数的判据，为双开口地下建筑热压通风状态及其稳定性判定提供了较为便捷的方法。

（4）将相图和流体分支图应用于地下建筑热压通风多态研究。采用相图中的轨线运动路径来描述热压通风由初始状态到稳定状态的发展过程，并利用相图来评估风压对通风状态的扰动作用。综合相图和流体分支图，展现了双区域地下建筑中，竖井高度比和热源强度比的变化对热压通风状态的存在性和稳定性的影响过程。

6.2　展望

本书虽然在地下建筑热压通风多态性的研究方面取得了一些成果，但仍存在一些不足，其主要体现如下：

（1）对于 CFD 模拟研究部分，今后仍需开展大量的研究工作，如辐射效应、多热源、围护结构的吸热和放热以及热源放热率动态变化等。为了准确预测实际情况，特别是当热源面积与建筑面积之比较大时，利用绝热假设将造成巨大误差。

（2）对于非线性动力学的理论分析部分，研究中为了推导出更加适用于工程应用和实际的判据，首先，采用了每个区域完全混合假设，并对双开口建筑进行了双区域而不是多区域的划分。根据第 2 章中对一维多区域网络模型的区域划分的讨论可知，该划分方法对热压的准确计算具有一定的误差，并且不能获得沿隧道方向的具体的温度分布，因为每个区域只有一个完全混合温度，这将造成一定误差。可考虑利用更加精细的区域划分，或仍采用双区域划分，但是每个区域中温度采用指数或其他分布方式，用于计算区域内热压。采用划分多区域将使每个区域有一个位置温度变化，从而将形成 $N \times N$ 的非线性常微分方程组，这不利于对其进行解的存在性和稳定性的分析，并且也不利于形成二维的流体分支图和相图及线素图，从而难于形成方便友好的设计指导图和指导判据。

（3）研究尚局限于双区域的建筑。对于三区域或更多区域的地下建筑，需要对 $N \times N$ 非线性常微分方程组进行解的存在性和稳定性分析，也将存在不便于形成便捷判据并指导工程应用的挑战。

（4）对于只有一种稳定状态的热压通风系统，在扰量作用下，系统将沿着新的轨线回到稳定状态。对于具有两种或多种稳定状态的热压通风系统，中途产生的扰量将如何影响系统的稳定性？扰量消失后，系统将回到原先的稳定状态或是将转换到另一种稳定状态，仍需要进一步研究。初步解决思路是，将扰量作为新的边界条件的一部分，扰量作用前的状态点作为初始条件，建立非线性常微分方程组控制的新的通风模型，求解扰量作用时间段内系统的瞬时解，然后以该解作为初始条件，代入最初的未加入扰量时的非线性常微分控制方程组，从而根据系统的发展轨迹，判定是回到原稳定解还是转换到另一个稳定解。该思路具有一定局限性，流程比较烦琐，效率较低，是否能够推导求解出具有普遍适用性的判别式，仍需要进一步研究。

（5）在现实工程中，如外界风压、室外空气温度、热源等边界条件，将是瞬态变化的量，需要对其进行分时间段的近似不变的假设。以下是一些未解决的问题：需进一步研究时序衔接的两种条件之间是如何转换的？按分时段的平均边界条件假设是否能够准确刻画系统的动态稳定性以及应如何刻画？

附　录

附录 A　$\boldsymbol{A}_{jr}$ 的数学推导

当建立通风网络时，首先对单元内空气流动方向进行假设。若空气流动方向与该方向一致，则流量为正，否则为负。实际流动方向的关联矩阵将由实际空气流动的方向所定。基于关联矩阵 $\boldsymbol{A}$，实际流动关联矩阵 $\boldsymbol{A}_m$ 可根据实际流动方向进行确定。其计算式如下：

$$\boldsymbol{A}_m = \boldsymbol{A} \times \mathrm{diag}\left(\frac{M_j}{|M_j|}\right) \tag{A-1}$$

其中，M_j 为单元 j 的质量流量，对角阵 $\left(\frac{M_j}{|M_j|}\right)$ 是 $n \times n$ 对角矩阵的对角上的元素 $\frac{M_j}{|M_j|}$。

$\boldsymbol{A}_m$ 具有 m 行和 n 列。在矩阵中，每一列对应一个单元。因此，每列中至少有 -1 和 1 两个非零元素，这两个元素分别代表单元的起点和末端。同时，每行对应一个节点。同样，每一行至少有 -1 和 1 两个非零元素，分别代表节点的入流和出流。

$$\mathrm{diag}\left(\frac{M_j}{|M_j|}\right) = \begin{bmatrix} \frac{M_j}{|M_j|} & 0 & 0 & \cdots & 0 \\ 0 & \frac{M_2}{|M_2|} & 0 & \cdots & 0 \\ 0 & 0 & \ddots & 0 & \vdots \\ \vdots & \vdots & 0 & \ddots & 0 \\ 0 & 0 & \cdots & 0 & \frac{M_n}{|M_n|} \end{bmatrix} \tag{A-2}$$

引入 $\boldsymbol{A}_{x1}$ 和 $\boldsymbol{A}_{x2}$ 两个矩阵，其中各元素分别为 $a_{x1,ij}$ 和 $a_{x2,ij}$：

$$\begin{cases} a_{x1,ij} = 1，当 a_{x,ij} = 1 时； \\ a_{x1,ij} = 0，当 a_{x,ij} \neq 1 时； \end{cases} \tag{A-3}$$

$$\begin{cases} a_{x2,ij} = -1，当 a_{x,ij} = -1 时； \\ a_{x2,ij} = 0，当 a_{x,ij} \neq -1 时； \end{cases} \tag{A-4}$$

矩阵 $\boldsymbol{A}_{x1}$ 的行向量对应节点，$\boldsymbol{A}_{x1}$ 的列向量对应网络模型中的单元。$\boldsymbol{A}_{x1}$ 和 $\boldsymbol{A}_{x2}$ 反映了节点和与其相连的单元的流动方向。例如，$a_{x1,ij}=1$ 表明存在从 i 节点到 j 单元的流动；当 $a_{x2,ij}=-1$ 时，表明空气从单元 j 中进入 i 节点。

$\boldsymbol{A}_{je}$ 和 $\boldsymbol{A}_{ji}$ 分别与 $\boldsymbol{A}_{x1}$ 和 $\boldsymbol{A}_{x2}$ 相关，其关联关系如下：

$$\begin{cases} \boldsymbol{A}_{je} = \boldsymbol{A}_{x1} \cdot \mathrm{diag}\,(|M_j|)； \\ \boldsymbol{A}_{ji} = \boldsymbol{A}_{x2} \cdot \mathrm{diag}\,(|M_j|)； \end{cases} \tag{A-5}$$

热平衡式的系数矩阵如下：

$$\boldsymbol{A}_{ji} = [\boldsymbol{A}_{je}；\boldsymbol{A}_{ji}] \tag{A-6}$$

附录 B　A_{jc} 的数学推导

如附录 A 所示，若 $a_{x1,ij}=1$，表示单元 j 的出流从节点 i 流出。对于矩阵 $\boldsymbol{A}_{x1}$ 的第 i 行，如果 $g_i=\sum_{j=1}^{n}a_{x1,ij}\geqslant 2$，代表节点 i 的出流单元大于等于 2。因此，存在 g_i-1 个节点绝热出流方程。

对于满足 $g_i\geqslant 2$ 的矩阵 $\boldsymbol{A}_{x1}$，可建立以 $[a_{x1,ij}]$ 为对角元素的对角阵，其中元素 $a_{x1,ij}$ 对应节点 i。每一个对角阵 $\mathrm{diag}[a_{x1,ij}]$，可通过去除含有元素 1 所在行，从而获得 g_i-1 个行向量。然后，总共可获得 $\sum_{i=1}^{m}(g_i-1)=n-m$ 行向量，组成一个 $(n-m)\times n$ 阶矩阵，$\boldsymbol{A}_{jc1}$。因此，绝热方程可表述为：

$$\boldsymbol{A}_{jc}\cdot\boldsymbol{T}=0 \tag{A-7}$$

其中

$$\boldsymbol{A}_{jc}=[\boldsymbol{A}_{jc1};\ \mathrm{zeros}\ (n-m,n)] \tag{A-8}$$

附录 C 图表目录

参考文献

[1] RAMOS J C，BEIZA M，GASTELURRUTIA J，et al. Numerical modelling of the natural ventilation of underground transformer substations[J]. Applied Thermal Engineering，2013，51（1–2）: 852–863.

[2] CHOW W K. On ventilation design for underground car parks[J]. Tunnelling and Underground Space Technology，1995，10（2）: 225–245.

[3] DOMINGO J，BARBERO R，IRANZO A，et al. Analysis and optimization of ventilation systems for an underground transport interchange building under regular and emergency scenarios[J]. Tunnelling and Underground Space Technology，2011，26（1）: 179–188.

[4] PFLITSCH A，BRÜNE M，STEILING B，et al. Air flow measurements in the underground section of a UK light rail system[J]. Applied Thermal Engineering，2012，32 : 22–30.

[5] LI A G，LIU Z J，ZHANG J F，et al. Reduced-scale model study of ventilation for large space of generatrix floor in HOHHOT underground hydropower station[J]. Energy and buildings，2011，43（4）: 1003–1010.

[6] LIU C，ZHONG M H，SHI C L，et al. Temperature profile of fire-induced smoke in node area of a full-scale mine shaft tunnel under natural ventilation[J]. Applied Thermal Engineering，2017，110 : 382–389.

[7] HUANG H L，YAN Z. Present situation and future prospect of hydropower in China[J]. Renewable and Sustainable Energy Reviews，2009，13（6–7）: 1652–1656.

[8] 梁晓春，郭明春 . 自然风压在矿山通风中的应用 [J]. 黄金，2005（8）: 20–22.

[9] 谭乃元 . 地下洞室自然通风设计的探索与实践——云南丽江黑白水三级电站地下厂房自然通风设计 [J]. 水利技术监督，2005（1）: 48–49.

[10] AUGENBROE G，HENSEN J. Simulation for better building design[J]. Building and Environment，2004，39（8）: 875–878.

[11] 中华人民共和国住房和城乡建设部 . 供暖通风与空气调节术语标准 : GB/T 50155—2015 [S]. 北京 : 中国建筑工业出版社，2015.

[12] BATCHELOR G. Heat convection and buoyancy effects in fluids[J]. Quarterly Journal of the Royal Meteorological Society，1954，80（345）: 339–358.

[13] KHANAL R，LEI C W. Solar chimney—A passive strategy for natural ventilation[J]. Energy and Buildings，2011，43（8）: 1811–1819.

[14] ZHAI X Q，SONG Z P，WANG R Z. A review for the applications of solar chimneys in buildings[J].

Renewable and Sustainable Energy Reviews, 2011, 15 (8): 3757–3767.

[15] ZHOU J, CHEN Y M. A review on applying ventilated double–skin facade to buildings in hot–summer and cold–winter zone in China[J]. Renewable and Sustainable Energy Reviews, 2010, 14 (4): 1321–1328.

[16] SHAMERI M A, ALGHOUL M A, SOPIAN K, et al. Perspectives of double skin façade systems in buildings and energy saving[J]. Renewable and Sustainable Energy Reviews, 2011, 15 (3): 1468–1475.

[17] SAROGLOU T, THEODOSIOU T, GIVONI B, et al. A study of different envelope scenarios towards low carbon high–rise buildings in the Mediterranean climate–can DSF be part of the solution?[J]. Renewable and Sustainable Energy Reviews, 2019, 113.

[18] GHAFFARIANHOSEINI A, GHAFFARIANHOSEINI A, BERARDI U, et al. Exploring the advantages and challenges of double–skin façades (DSFs) [J]. Renewable and Sustainable Energy Reviews, 2016, 60: 1052–1065.

[19] DE GRACIA A, CASTELL A, NAVARRO L, et al. Numerical modelling of ventilated facades: A review[J]. Renewable and Sustainable Energy Reviews, 2013, 22: 539–549.

[20] BARBOSA S, IP K. Perspectives of double skin façades for naturally ventilated buildings: A review[J]. Renewable and Sustainable Energy Reviews, 2014, 40: 1019–1029.

[21] STABAT P, CACIOLO M, MARCHIO D. Progress on single–sided ventilation techniques for buildings[J]. Advances in Building Energy Research, 2012, 6 (2): 212–241.

[22] LO L J, NOVOSELAC A. Effect of indoor buoyancy flow on wind–driven cross ventilation[J]. Building Simulation, 2012, 6 (1): 69–79.

[23] STAVRIDOU A D, PRINOS P E. Natural ventilation of buildings due to buoyancy assisted by wind: Investigating cross ventilation with computational and laboratory simulation[J]. Building and Environment, 2013, 66: 104–119.

[24] AMORI K E, MOHAMMED S W. Experimental and numerical studies of solar chimney for natural ventilation in Iraq[J]. Energy and Buildings, 2012, 47: 450–457.

[25] BASSIOUNY R, KOURA N S A. An analytical and numerical study of solar chimney use for room natural ventilation[J]. Energy and Buildings, 2008, 40 (5): 865–873.

[26] BASSIOUNY R, KORAH N S A. Effect of solar chimney inclination angle on space flow pattern and ventilation rate[J]. Energy and Buildings, 2009, 41 (2): 190–196.

[27] IMRAN A A, JALIL J M, AHMED S T. Induced flow for ventilation and cooling by a solar chimney[J]. Renewable Energy, 2015, 78: 236–244.

[28] MATHUR J, MATHUR S, ANUPMA. Summer–performance of inclined roof solar chimney for natural ventilation[J]. Energy and buildings, 2006, 38 (10): 1156–1163.

[29] SAKONIDOU E P, KARAPANTSIOS T D, BALOUKTSIS A I, et al. Modeling of the optimum tilt of a solar chimney for maximum air flow[J]. Solar Energy, 2008, 82 (1): 80–94.

[30] HARRIS D J, HELWIG N. Solar chimney and building ventilation[J]. Applied Energy, 2007, 84 (2): 135–146.

[31] KHANAL R，LEI C. Flow reversal effects on buoyancy induced air flow in a solar chimney[J]. Solar Energy，2012，86（9）：2783–2794.

[32] LEE K H，STRAND R K. Enhancement of natural ventilation in buildings using a thermal chimney[J]. Energy and Buildings，2009，41（6）：615–621.

[33] MATHUR J，BANSAL N K，MATHUR S，et al. Experimental investigations on solar chimney for room ventilation[J]. Solar Energy，2006，80（8）：927–935.

[34] ZAMORA B，KAISER A S. Optimum wall–to–wall spacing in solar chimney shaped channels in natural convection by numerical investigation[J]. Applied Thermal Engineering，2009，29（4）：762–769.

[35] PAPPAS A，ZHAI Z. Numerical investigation on thermal performance and correlations of double skin façade with buoyancy–driven airflow[J]. Energy and buildings，2008，40（4）：466–475.

[36] RAHMANI B，KANDAR M Z，RAHMANI P. How double skin façade's air–gap sizes effect on lowering solar heat gain in tropical climate[J]. World Applied Sciences Journal，2012，18（6）：774–778.

[37] JIRU T E，TAO Y–X，HAGHIGHAT F. Airflow and heat transfer in double skin facades[J]. Energy and Buildings，2011，43（10）：2760–2766.

[38] GRATIA E，DE HERDE A. The most efficient position of shading devices in a double–skin facade[J]. Energy and Buildings，2007，39（3）：364–373.

[39] GRATIA E，DE HERDE A. Greenhouse effect in double–skin facade[J]. Energy and Buildings，2007，39（2）：199–211.

[40] PÉREZ–GRANDE I，MESEGUER J，ALONSO G. Influence of glass properties on the performance of double–glazed facades[J]. Applied Thermal Engineering，2005，25（17）：3163–3175.

[41] HONG T，KIM J，LEE J，et al. Assessment of seasonal energy efficiency strategies of a double skin façade in a monsoon climate region[J]. Energies，2013，6（9）：4352–4376.

[42] TORRES M，ALAVEDRA P，GUZMÁN A，et al. Double skin facades–Cavity and Exterior openings Dimensions for Saving energy on Mediterranean climate[C]//Proceedings：Building Simulation，2007：198–205.

[43] AWBI H B. Ventilation of buildings[M]. Routledge，2002.

[44] MUNDT E. The performance of displacement ventilation systems：Experimental and theoretical studies，Report for BFR Project #920937–0[R]. Royal Institute of Technology，Stockholm，1998.

[45] COOPER P，LINDEN P. Natural ventilation of an enclosure containing two buoyancy sources[J]. Journal of Fluid Mechanics，1996，311：153–176.

[46] LINDEN P，COOPER P. Multiple sources of buoyancy in a naturally ventilated enclosure[J]. Journal of Fluid Mechanics，1996，311：177–192.

[47] 赵鸿佐 . 室内热对流与通风 [M]. 北京：中国建筑工业出版社，2010.

[48] ANDERSEN K T. Theory for natural ventilation by thermal buoyancy in one zone with uniform temperature[J]. Building and Environment，2003，38（11）：1281–1289.

[49] HUNT G R，LINDEN P P. The fluid mechanics of natural ventilation—displacement ventilation by

buoyancy–driven flows assisted by wind[J]. Building and Environment，1999，34（6）：707–720.

[50] GAN G. Simulation of buoyancy–driven natural ventilation of buildings—Impact of computational domain[J]. Energy and Buildings，2010，42（8）：1290–1300.

[51] WARREN P. Single–sided ventilation through open window[S]. ASHRAE SP49，1985.

[52] DE GIDS W，PHAFF H. Ventilation rates and energy consumption due to open windows：A brief overview of research in the Netherlands[J]. Air Infiltration Review，1982，4（1）：4–5.

[53] JIANG Y，ALEXANDER D，JENKINS H，et al. Natural ventilation in buildings：measurement in a wind tunnel and numerical simulation with large–eddy simulation[J]. Journal of Wind Engineering and Industrial Aerodynamics，2003，91（3）：331–353.

[54] AI Z T，MAK C M. Wind–induced single–sided natural ventilation in buildings near a long street canyon：CFD evaluation of street configuration and envelope design[J]. Journal of Wind Engineering and Industrial Aerodynamics，2018，172：96–106.

[55] AI Z T，MAK C M. Analysis of fluctuating characteristics of wind–induced airflow through a single opening using LES modeling and the tracer gas technique[J]. Building and Environment，2014，80：249–258.

[56] EPSTEIN M. Buoyancy–driven exchange flow through small openings in horizontal partitions[J]. Journal of Heat Transfer，1988，110（4a）：885–893.

[57] HEISELBERG P，LI Z. Buoyancy driven natural ventilation through horizontal openings[J]. International Journal of Ventilation，2009，8（3）：219–231.

[58] ALBENSOEDER S，KUHLMANN H，RATH H. Multiplicity of steady two–dimensional flows in two–sided lid–driven cavities[J]. Theoretical and Computational Fluid Dynamics，2001，14（4）：223–241.

[59] ERENBURG V，GELFGAT A Y，KIT E，et al. Multiple states，stability and bifurcations of natural convection in a rectangular cavity with partially heated vertical walls[J]. Journal of Fluid Mechanics，2003，492：63–89.

[60] GELFGAT A Y，BAR–YOSEPH P，YARIN A. Stability of multiple steady states of convection in laterally heated cavities[J]. Journal of Fluid Mechanics，1999，388：315–334.

[61] NITTA K. Variety modes and chaos in smoke ventilation by ceiling chamber system[C]//Proceedings of the 6th International IBPSA Conference，Koyto，Japan，1999.

[62] NITTA K. Analytical study on a variety of forms of multi–room ventilation[C]//Proceedings of International Symposium on Building and Urban Environmental Engineering，Tianjin.97：67–78，1997.

[63] NITTA K. Variety modes and similarity in natural ventilation[C]//6th Int Symp on Building & Urban Environment Engineering. 51–60，2001.

[64] NITTA K. Variety modes and chaos in natural ventilation or smoke venting system[C]//Proceedings of the 7th International IBPSA Conference，2001：635–642.

[65] NITTA K. Ventilation calculation by network model inducing bi–directional flows in openings[C]//Eight International IBPSA Conference，2003：959–966.

[66] ANDERSEN A，BJERRE M，CHEN Z，et al. Experimental study of wind–opposed buoyancy–driven

natural ventilation[C]//Proceedings of the 21st AIVC conference, Den Haag, The Netherlands, 2007 : 1–10.

[67] LI Y G, DELSANTE A. Natural ventilation induced by combined wind and thermal forces[J]. Building and Environment, 2001, 36 (1) : 59–71.

[68] HEISELBERG P, LI Y G, ANDERSEN A, et al. Experimental and CFD evidence of multiple solutions in a naturally ventilated building[J]. Indoor Air, 2004, 14 (1) : 43–54.

[69] LI Y G, DELSANTE A, CHEN Z D, et al. Some examples of solution multiplicity in natural ventilation[J]. Building and Environment, 2001, 36 (7) : 851–858.

[70] LISHMAN B, WOODS A W. On transitions in natural ventilation flow driven by changes in the wind[J]. Building and Environment, 2009, 44 (4) : 666–673.

[71] WEI Y, ZHANG G, WEI Y, WANG X. Natural ventilation potential model considering solution multiplicity, window opening percentage, air velocity and humidity in China[J]. Building and Environment, 2010, 45 (2) : 338–344.

[72] YUAN J C. Transition dynamics between the multiple steady states in natural ventilation systems : from theories to applications in optimal controls[D]. Massachusetts Institute of Technology, 2008.

[73] YUAN J C, GLICKSMAN L. Multiple steady states in a combined buoyancy and wind driven natural ventilation system : necessary conditions and initial values[J]. Proceedings of indoor air, 2005 : 1207–1212.

[74] YUAN J C, GLICKSMAN L R. Transitions between the multiple steady states in a natural ventilation system with combined buoyancy and wind driven flows[J]. Building and Environment, 2007, 42 (10) : 3500–3516.

[75] YUAN J, GLICKSMAN L R. Multiple steady states in combined buoyancy and wind driven natural ventilation : The conditions for multiple solutions and the critical point for initial conditions[J]. Building and Environment, 2008, 43 (1) : 62–69.

[76] GLADSTONE C, WOODS A W. On buoyancy–driven natural ventilation of a room with a heated floor[J]. Journal of Fluid Mechanics, 2001, 441 : 293–314.

[77] PULAT E, ERSAN H A. Numerical simulation of turbulent airflow in a ventilated room : Inlet turbulence parameters and solution multiplicity[J]. Energy and Buildings, 2015, 93 : 227–235.

[78] CHENVIDYAKARN T, WOODS A. Multiple steady states in stack ventilation[J]. Building and Environment, 2005, 40 (3) : 399–410.

[79] DURRANI F, COOK M, MCGUIRK J, et al. Simulating multiple steady states in naturally ventilated enclosures using large eddy simulation[C]//Building Simulation Conference, 2013.

[80] DURRANI F, COOK M J, MCGUIRK J J. Evaluation of LES and RANS CFD modelling of multiple steady states in natural ventilation[J]. Building and Environment, 2015, 92 : 167–181.

[81] CHEN Z D, LI Y G. Buoyancy–driven displacement natural ventilation in a single–zone building with three–level openings[J]. Building and Environment, 2002, 37 (3) : 295–303.

[82] GONG J. Multiple solutions of smoke flow in building fires[D]. Hong Kong : The University of Hong Kong, 2010.

[83] GONG J，LI Y G. Solution multiplicity of smoke flows in a simple building[J]. Fire Safety Science，2008，9：895–906.

[84] GONG J，LI Y G. CFD modelling of the effect of fire source geometry and location on smoke flow multiplicity[J]. Building Simulation，2010，3（3）：205–214.

[85] GONG J，LI Y G. Smoke flow bifurcation due to opposing buoyancy in two horizontally connected compartments[J]. Fire Safety Journal，2013，59：62–75.

[86] YANG D，LI P，DUAN H，et al. Multiple patterns of heat and mass flow induced by the competition of forced longitudinal ventilation and stack effect in sloping tunnels[J]. International Journal of Thermal Sciences，2019，138：35–46.

[87] YANG L，LI Y G，XU P C，et al. Nonlinear dynamic aalysis of natural ventilation in a two–zone building：Part B—CFD simulations[J]. HVAC & R Research，2006，12（2）：257–278.

[88] YANG L，XU P C，LI Y G. Nonlinear dynamic analysis of natural ventilation in a two–zone building：Part A—Theoretical analysis[J]. HVAC & R Research，2006，12（2）：231–255.

[89] 阳丽娜 . 建筑自然通风的多解现象与潜力分析 [D]. 长沙：湖南大学，2005.

[90] LI Y G，XU P C，QIAN H，et al. Flow bifurcation due to opposing buoyancy in two vertically connected open cavities[J]. International Journal of Heat and Mass Transfer，2006，49（19–20）：3298–3312.

[91] 王晓冬，邓启红 . 两区域自然通风多解性研究 [J]. 建筑热能通风空调，2007，26（5）：15–19.

[92] YANG D，LIU Y L，ZHAO C M，et al. Multiple steady states of fire smoke transport in a multi–branch tunnel：Theoretical and numerical studies[J]. Tunnelling and Underground Space Technology，2017，61：189–197.

[93] DING C，HE X Q，NIE B S. Numerical simulation of airflow distribution in mine tunnels[J]. International Journal of Mining Science and Technology，2017，27（4）：663–667.

[94] MORA–PEREZ M，GUILLEN–GUILLAMON I，AMPARO LOPEZ–JIMENEZ P. Computational analysis of wind interactions for comparing different buildings sites in terms of natural ventilation[J]. Advances in Engineering Software，2015，88：73–82.

[95] STEPHAN L，BASTIDE A，WURTZ E. Optimizing opening dimensions for naturally ventilated buildings[J]. Applied Energy，2011，88（8）：2791–2801.

[96] TONG Z M，CHEN Y J，MALKAWI A. Defining the Influence Region in neighborhood–scale CFD simulations for natural ventilation design[J]. Applied Energy，2016，182：625–633.

[97] TONG Z M，CHEN Y J，MALKAWI A. Estimating natural ventilation potential for high–rise buildings considering boundary layer meteorology[J]. Applied Energy，2017，193：276–286.

[98] ZHAO Y，YOSHINO H，OKUYAMA H. Evaluation of the COMIS model by comparing simulation and measurement of airflow and pollutant concentration[J]. Indoor Air–International Journal of Indoor Air Quality and Climate，1998，8（2）：123–130.

[99] WANG H D，ZHAI Z Q. Advances in building simulation and computational techniques：A review between 1987 and 2014[J]. Energy and Buildings，2016，128：319–335.

[100] CHEN Q Y. Ventilation performance prediction for buildings：A method overview and recent applications[J]. Building and Environment，2009，44（4）：848-858.

[101] HAYDEN C S，EARNEST G S，JENSEN P A. Development of an empirical model to aid in designing airborne infection isolation rooms[J]. Journal of Occupational and Environmental Hygiene，2007，4（3）：198-207.

[102] GAO X P，LI A G，YANG C Q. Study on thermal stratification of an enclosure containing two interacting turbulent buoyant plumes of equal strength[J]. Building and Environment，2018，141：236-246.

[103] KUZNETSOV G V，SHEREMET M A. Numerical simulation of convective heat transfer modes in a rectangular area with a heat source and conducting walls[J]. Journal of Heat Transfer，2010，132（8）.

[104] MIROSHNICHENKO I，SHEREMET M. Turbulent natural convection heat transfer in rectangular enclosures using experimental and numerical approaches：A review[J]. Renewable and Sustainable Energy Reviews，2018，82：40-59.

[105] MIROSHNICHENKO I，SHEREMET M A，MOHAMAD A. Numerical simulation of a conjugate turbulent natural convection combined with surface thermal radiation in an enclosure with a heat source[J]. International Journal of Thermal Sciences，2016，109：172-181.

[106] BRUCE J. Natural convection through openings and its application to cattle building ventilation[J]. Journal of Agricultural Engineering Research，1978，23（2）：151-167.

[107] BRUCE J. Ventilation of a model livestock building by thermal buoyancy[J]. Transactions of the Asae，1982，25（6）：1724-1726.

[108] DOWN M，FOSTER M，MCMAHON T. Experimental verification of a theory for ventilation of livestock buildings by natural convection[J]. Journal of Agricultural Engineering Research，1990，45：269-279.

[109] FOSTER M，DOWN M. Ventilation of livestock buildings by natural convection[J]. Journal of Agricultural Engineering Research，1987，37（3-4）：1-13.

[110] LINDEN P，LANE-SERFF G，SMEED D. Emptying filling boxes：the fluid mechanics of natural ventilation[J]. Journal of Fluid Mechanics，1990，212：309-335.

[111] LI Y G. Buoyancy-driven natural ventilation in a thermally stratified one-zone building[J]. Building and Environment，2000，35（3）：207-214.

[112] OCA J，MONTERO J，ANTON A，et al. A method for studying natural ventilation by thermal effects in a tunnel greenhouse using laboratory-scale models[J]. Journal of Agricultural Engineering Research，1999，72（1）：93-104.

[113] FITZGERALD S D，WOODS A W. The influence of stacks on flow patterns and stratification associated with natural ventilation[J]. Building and Environment，2008，43（10）：1719-1733.

[114] AXLEY J. Multizone airflow modeling in buildings：History and theory[J]. HVAC & R Research，2007，13（6）：907-928.

[115] KHOUKHI M，YOSHINO H，LIU J. The effect of the wind speed velocity on the stack pressure in medium-rise buildings in cold region of China[J]. Building and Environment，2007，42（3）：1081-1088.

[116] MAATOUK K. A simplified procedure to investigate airflow patterns inside tall buildings using COMIS[J]. Architectural Science Review，2007，50（4）：365–369.

[117] SOHN M D，APTE M G，SEXTRO R G，et al. Predicting size–resolved particle behavior in multizone buildings[J]. Atmospheric Environment，2007，41（7）：1473–1482.

[118] CHEN Q Y，LEE K，MAZUMDAR S，et al. Ventilation performance prediction for buildings：model assessment[J]. Building and Environment，2010，45（2）：295–303.

[119] TAN G，GLICKSMAN L. Application of integrating multi–zone model with CFD simulation to natural ventilation prediction[J]. Energy and Buildings，2005，37（10）：1049–1057.

[120] TAN G. Study of natural ventilation design by integrating the multi–zone model with CFD simulation[D]. Massachusetts Institute of Technology，2005.

[121] LI Y G，DELSANTE A，SYMONS J. Prediction of natural ventilation in buildings with large openings[J]. Building and Environment，2000，35（3）：191–206.

[122] HAGHIGHAT F，MEGRI A C. A comprehensive validation of two airflow models – COMIS and CONTAM[J]. Indoor Air–International Journal of Indoor Air Quality and Climate，1996，6（4）：278–288.

[123] PARKER S T，BOWMAN V E. State–space methods for calculating concentration dynamics in multizone buildings[J]. Building and Environment，2011，46（8）：1567–1577.

[124] SCHAELIN A，DORER V，VAN DER MAAS J，et al. Improvement of multizone model predictions by detailed flow path values from CFD calculations[J]. ASHRAE Transactions–American Society of Heating Refrigerating Airconditioning Engin，1993，99（2）：709–720.

[125] UPHAM R D，YUILL G K，BAHNFLETH W P, et al. A validation study of multizone airflow and contaminant migration simulation programs as applied to tall buildings/Discussion[J]. ASHRAE Transactions，2001，107：629.

[126] CLARKE J A. Domain integration in building simulation[J]. Energy and Buildings，2001，33（4）：303–308.

[127] WANG L L，CHEN Q. Evaluation of some assumptions used in multizone airflow network models[J]. Building and Environment，2008，43（10）：1671–1677.

[128] WANG L，CHEN Q Y. On solution characteristics of coupling of multizone and CFD programs in building air distribution simulation[C]//Proceedings of Building Simulation，2005：1315–1322.

[129] WANG L，CHEN Q Y. Theoretical and numerical studies of coupling multizone and CFD models for building air distribution simulations[J]. Indoor Air，2007，17（5）：348–361.

[130] WANG L，CHEN Q Y. Validation of a coupled multizone–CFD program for building airflow and contaminant transport simulations[J]. HVAC & R Research，2007，13（2）：267–281.

[131] WANG L，CHEN Q Y. Applications of a Coupled Multizone–CFD Model to Calculate Airflow and Contaminant Dispersion in Built Environments for Emergency Management[J]. HVAC&R Research，2008，14（6）：925–939.

[132] WANG L，DOLS W S，CHEN Q. Using CFD Capabilities of CONTAM 3.0 for Simulating Airflow and

Contaminant Transport in and around Buildings[J]. Hvac&R Research，2010，16（6）: 749–763.

[133] CLARKE J，DEMPSTER W，NEGRAO C. The implementation of a computational fluid dynamics algorithm within the ESP–r system[C]//Proceedings of Building Simulation'95，1995：166–175.

[134] NEGRÃO C O. Integration of computational fluid dynamics with building thermal and mass flow simulation[J]. Energy and Buildings，1998，27（2）: 155–165.

[135] MUSSER A. An analysis of combined CFD and multizone IAQ model assembly issues[J]. ASHRAE Transactions，2001，107：371.

[136] YUAN J C，SREBRIC J. Improved prediction of indoor contaminant distribution for entire buildings[C]// ASME 2002 International Mechanical Engineering Congress and Exposition. American Society of Mechanical Engineers，2002：111–118.

[137] HENSEN J. Modelling coupled heat and airflow：Ping–pong versus. onions[C]//Proceedings of the 16th Conference Implementing the Results of Ventilation Research，1995：253–262.

[138] FEUSTEL H E，DIERIS J. A survey of air–flow models for multizone structures[J]. Energy and buildings，1992，18（2）: 79–100.

[139] FEUSTEL H E. COMIS – An international multizone air–flow and contaminant transport model[J]. Energy and Buildings，1999，30（1）: 3–18.

[140] FEUSTAL H E，RAYNER–HOOSON A. COMIS fundamentals[R]. 1990.

[141] DOLS W S，POLIDORO B J. CONTAM User Guide and Program Documentation Version 3.2[R]. 2015.

[142] WALTON G N. AIRNET：A computer program for building airflow network modeling[R]. National Institute of Standards and Technology Gaithersburg，MD，1989.

[143] BREEZE B. 6.0 User Manual[M]. Building Research Establishment，Watford，UK，1994.

[144] SVENSSON C. The NatVent Programme 1.0 User's Guide[M]. J&W Consulting Engineers，Malmö，Sweden，1998.

[145] BALARAS C，ALVAREZ S. Passport Plus Version 2.1 User's Manual[M]. University of Athens，Greece，1995.

[146] ALLARD F，SANTAMOURIS M. Natural ventilation in buildings：A design handbook[M]. London Earthscan Publications Ltd. 1998.

[147] 张晓亮，谢晓娜，燕达，等. 建筑环境设计模拟分析软件 DeST：第 3 讲 建筑热环境动态模拟结果的验证 [J]. 暖通空调，2004，34（9）: 37–50.

[148] 清华大学 DeST 开发组. 建筑环境系统模拟分析方法——DeST[M]. 北京：中国建筑工业出版社，2006.

[149] 李晓锋. 建筑自然通风设计与应用 [M]. 北京：中国建筑工业出版社，2018.

[150] 田真，晁军. 建筑通风 [M]. 北京：知识产权出版社，2018.

[151] GROSSO M. Wind Pressure Distribution Around Buildings–A Parametrical Model[J]. Energy and Buildings，1992，18（2）: 101–131.

[152] SAVIĆ D A，WALTERS G A. Integration of a model for hydraulic analysis of water distribution networks

with an evolution program for pressure regulation[J]. Computer-Aided Civil and Infrastructure Engineering, 1996, 11（2）: 87-97.

[153] FYTAS K, PERREAULT S. EOLAVAL-A mine ventilation planning software[M]. 2002.

[154] FYTAS K, PERREAULT S, DAIGLE B. EOLAVAL, a mine ventilation planning tool[M]// MICHALAKOPOULOS T N. Mine Planning and Equipment Selection 2000. Routledge, 2018 : 51-56.

[155] 王惠宾，胡卫民，李湖生，等．矿井通风网络理论与算法 [M]. 徐州：中国矿业大学出版社，1996.

[156] 徐竹云．矿井通风系统优化原理与设计计算方法 [M]. 北京：冶金工业出版社，1996.

[157] 刘承思．通风网络计算原理 [M]. 济南：山东科学技术出版社，1990.

[158] 李恕和，王义章．矿井通风网络图论 [M]. 北京：煤炭工业出版社，1984.

[159] 徐瑞龙．通风网络理论 [M]. 北京：煤炭工业出版社，1993.

[160] JENSEN R L, GRAU K, HELSELBERG P K. Integration of a multizone airflow model into a thermal simulation program[C]//Proceedings : Building Simulation, 2007 : 1034-1040.

[161] LI A G, GAO X P, REN T. Study on thermal pressure in a sloping underground tunnel under natural ventilation[J]. Energy and buildings, 2017, 147 : 200-209.

[162] LI A G, QIN E W, XIN B, et al. Experimental analysis on the air distribution of powerhouse of Hohhot hydropower station with 2D-PIV[J]. Energy Conversion and Management, 2010, 51（1）: 33-41.

[163] YU Y S, CAO L, LI X T, et al. Modeling of heat and mass transfer of tunnel ventilation in hydropower station[J]. Applied Thermal Engineering, 2015, 90 : 45-53.

[164] LIU Y C, WANG S C, DENG Y B, et al. Numerical simulation and experimental study on ventilation system for powerhouses of deep underground hydropower stations[J]. Applied Thermal Engineering, 2016, 105 : 151-158.

[165] CHENG J W, WU Y, XU H M, et al. Comprehensive and Integrated Mine Ventilation Consultation Model - CIMVCM[J]. Tunnelling and Underground Space Technology, 2015, 45 : 166-180.

[166] SZLĄZAK N, OBRACAJ D, KORZEC M. Analysis of connecting a forcing fan to a multiple fan ventilation network of a real-life mine[J]. Process Safety and Environmental Protection, 2017, 107 : 468-479.

[167] LIN C J, CHUAH Y K, LIU C W. Study on underground tunnel ventilation for piston effects influenced by draught relief shaft in subway system[J]. Applied Thermal Engineering, 2008, 28（5-6）: 372-379.

[168] KRASYUK A M. Calculation of tunnel ventilation in shallow subways[J]. Journal of Mining Science, 2005, 41（3）: 261-267.

[169] PAN S, FAN L, LIU J P, et al. A Review of the Piston Effect in Subway Stations[J]. Advances in Mechanical Engineering, 2013（5）: 950205.

[170] 黄福其，张家猷，谢守穆，等．地下工程热工计算方法 [M]. 北京：中国建筑工业出版社，1981.

[171] XIAO Y M, LIU X C, ZHANG R R. Calculation of transient heat transfer through the envelope of an underground cavern using Z-transfer coefficient method[J]. Energy and buildings, 2012, 48 : 190-198.

[172] QI D H, WANG L, ZMEUREANU R. Modeling smoke movement in shafts during high-rise fires by a multizone airflow and energy network program[J]. ASHRAE Transactions, 2015, 121（2）: 242-251.

[173] QI D H，WANG L，ZMEUREANU R. An analytical model of heat and mass transfer through non-adiabatic high-rise shafts during fires[J]. International Journal of Heat and Mass Transfer，2014，72：585-594.

[174] BLANDFORD T R，HUMES K S，HARSHBURGER B J et al.，Seasonal and synoptic variations in near-surface air temperature lapse rates in a mountainous basin[J]. Journal of Applied Meteorology and Climatology，2008，47（1）：249-261.

[175] 肖益民 . 水电站地下洞室群自然通风网络模拟及应用研究 [D]. 重庆：重庆大学，2005.

[176] YANG H，WEN F S，WANG L P，et al. Newton-Downhill Algorithm for Distribution Power Flow Analysis[C]//IEEE 2nd International Power and Energy Conference, 2008.

[177] LIU Y N，XIAO Y M，CHEN JL，et al.，A network model for natural ventilation simulation in deep buried underground structures[J]. Building and Environment，2019，153：288-301.

[178] BROWN W G，SOLVASON K R. Natural convection through rectangular openings in partitions—1：Vertical partitions[J]. International Journal of Heat and Mass Transfer，1962，5（9）：859-868.

[179] BARAKAT S. Inter-zone convective heat transfer in buildings：A review[J]. Journal of Solar Energy Engineering，1987，109（2）：71-78.

[180] ALLARD F，UTSUMI Y. Airflow through large openings[J]. Energy and Buildings，1992，18（2）：133-145.

[181] LE ROUX N，FAURE X，INARD C，et al. Reduced-scale study of wind influence on mean airflows inside buildings equipped with ventilation systems[J]. Building and Environment，2012，58：231-244.

[182] REN T，LI A G，LUO N，et al. 1：50 scale modeling study on airflow effectiveness of large spaces mutually connected for underground workshops[J]. Building Simulation，2015，9（2）：201-212.

[183] LYNCH S. Dynamical systems with applications using Mathematica®[M]. Springer，2007.

[184] KAW A K，KALU E K，NGUYEN D. Numerical Methods with Applications[M]. University of South Florida，2010.

[185] FLUENT A. Ansys Fluent 16.0 user's guide [M]. Ansys Inc，2015.

[186] YANG X F，ZHONG K，KANG Y M，et al. Numerical investigation on the airflow characteristics and thermal comfort in buoyancy-driven natural ventilation rooms[J]. Energy and buildings，2015，109：255-266.

[187] STANDARDIZATION I O F. Uncertainty of Measurement—Part 3：Guide to the Expression of Uncertainty in Measurement（GUM：1995）. Supplement 1：Propagation of Distributions Using a Monte Carlo Method ISO/IEC GUIDE 98-3/Suppl.1：2008[S]. International Organisation for Standardization，2008.

[188] 冷雨泉，张会文，张伟 . 机器学习入门到实战：MATLAB 实践应用 [M]. 北京：清华大学出版社，2019.

[189] 王高雄，周之铭，朱思铭，等 . 常微分方程 [M]. 第 3 版 . 北京：高等教育出版社，2014.

[190] SWAMI M V，CHANDRAS. Correlations for pressure distribution on buildings and calculation of natural-ventilation airflow[J]. ASHRAE Transactions，1988，94（1）：243-266.

[191] HEIJMANS N. Impact of the uncertainties on wind pressures on the prediction of thermal comfort

performances[R]. 2002.
[192] PHAFF J. Continuation of model tests of the wind pressure distribution on some common building shapes[R]. TNO report，1979：C429.
[193] PHAFF J. Model tests of the wind pressure distribution on some common building shapes[R]. TNO report，1977：C403.
[194] KNOLL B，PHAFF J C，DE GIDS W F. Pressure coefficient simulation program[C]//16th AIVC Conference'Implementing the results of ventilation research'，1997.
[195] MARQUES DA SILVA F S J. Determination of pressure coefficients over simple shaped building models under different boundary layers[R]. 1994.
[196] COSTOLA D，BLOCKEN B，OHBA M，et al. Uncertainty in airflow rate calculations due to the use of surface-averaged pressure coefficients[J]. Energy and Buildings，2010，42（6）：881-888.
[197] ARENDT K，KRZACZEK M，TEJCHMAN J. Influence of input data on airflow network accuracy in residential buildings with natural wind-and stack-driven ventilation[J]. Building Simulation，2017，10（2）：229-238.
[198] HERRING S J，BATCHELOR S，BIERINGER P E，et al. Providing pressure inputs to multizone building models[J]. Building and Environment，2016，101：32-44.
[199] ASFOUR O S，GADI M B. A comparison between CFD and Network models for predicting wind-driven ventilation in buildings[J]. Building and Environment，2007，42（12）：4079-4085.
[200] RAMPONI R，ANGELOTTI A，BLOCKEN B. Energy saving potential of night ventilation：Sensitivity to pressure coefficients for different European climates[J]. Applied Energy，2014，123：185-195.
[201] 孙旦龙 . 新疆地下水电站自然通风的一种设计方法 [R]. 西安：西安冶金建筑学院，1984.

后　记

本书即将出版之际，由衷感谢我的导师肖益民教授，是您带我走上了学术的道路。导师对科研的深刻理解，是我的学习榜样。在此向肖老师致以诚挚的敬意！

感谢我的联合培养外导 Godfried Augenbroe 教授，感谢您让我开阔了视野，让我对建筑能耗模拟、不确定性分析、统计学和机器学习在建筑技术领域的应用有所了解。也感谢您组织的每一次“BT Lanch”，让我更好地融入团队，学习到其他课题组成员的各种科研思路。

还要感谢我的妻子对我的支持和对家庭的奉献，在我每一次感到巨大压力和迷茫的时候，是你在精神上的不断支持和鼓励，让我持续前行。更要感谢你带来了我们的小宝宝，希望她能无忧无虑快乐地成长。也感谢我的其他家庭成员包括父亲、母亲，还有岳父、岳母的支持！

我还要感谢课题组的师兄、师弟及师妹们，特别是周铁程、林建泉、黄浩天和赵倩，感谢你们对我学术研究的帮助，感谢与你们讨论后获得的灵感，同舟共济、相互学习、一起生活、共同进步！

我要感谢在佐治亚理工学院时，课题组成员对我研究工作的帮助，谢谢你们带我一起去学习机器学习、统计学和计算流体力学相关课程。也要感谢一起去参加联合培养的国内的小伙伴们，感谢你们在生活上的支持，让我在亚特兰大的生活变得更加健康和丰富多彩，特别感谢现在犹他大学任职的陈建立助理教授在我在国外期间对我的指导和帮助！

刘亚南

2021 年于重庆

部分彩图

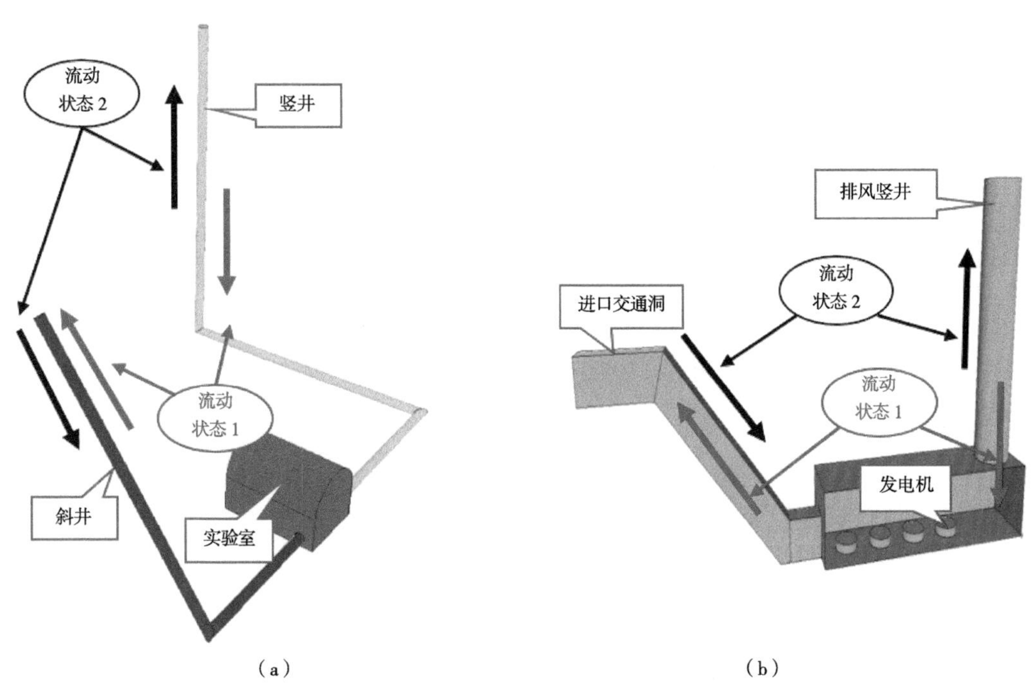

（a）（b）

图 1–2　实际地下工程中可能出现的热压分布多态现象
（a）某地下实验室的热压通风；（b）某地下水电站热压通风

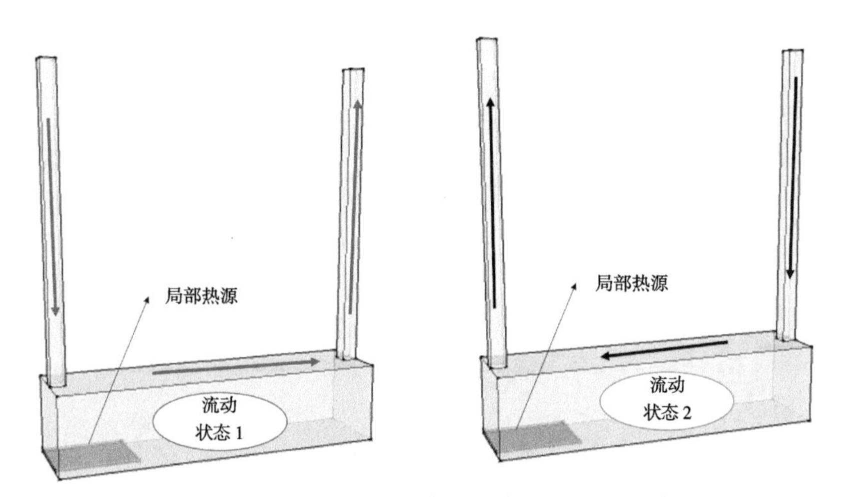

图 1–3　具有单个局部热源的地下建筑可能存在的两种流动状态

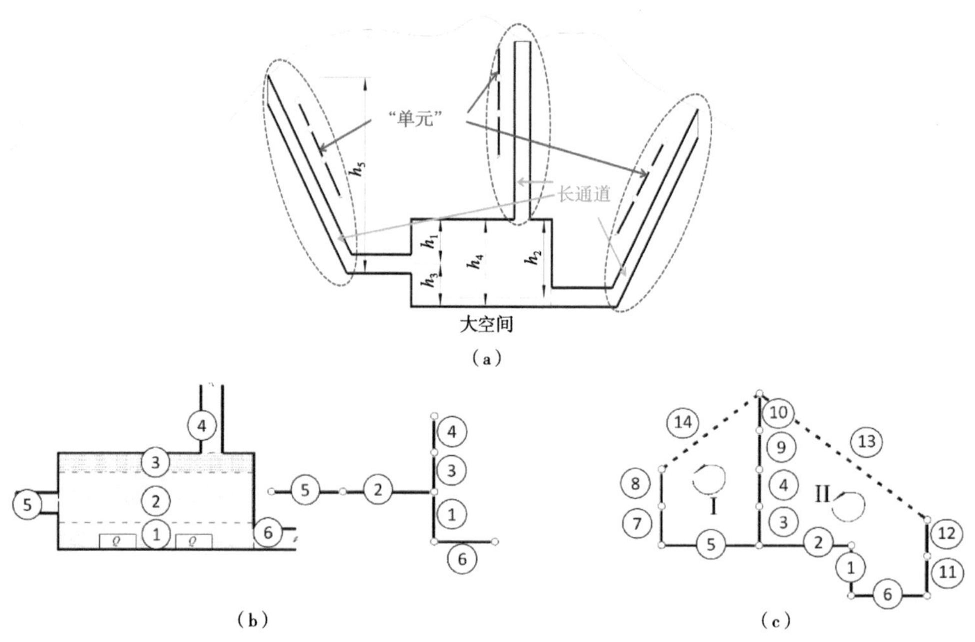

图 2-2　深埋地下建筑的典型通风网络

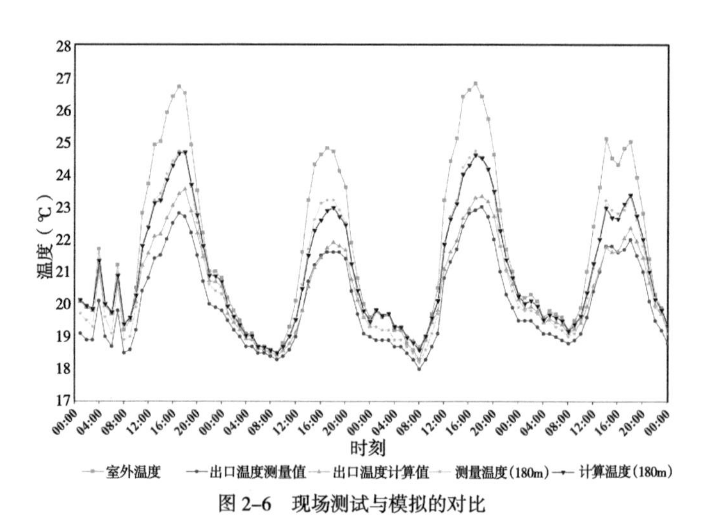

图 2-6　现场测试与模拟的对比

$t_{s,1}$ $P_{s,1}$　$t_{e,1}$ $P_{e,1}$　$t_{s,2}$ $P_{s,2}$　$t_{e,2}$ $P_{e,2}$　$t_{s,3}$ $P_{s,3}$　$t_{e,3}$ $P_{e,3}$

e1　e2　e3

（门洞）

房间 a　房间 b

门洞

Q_1　Q_2

（a）　（b）

图 2-8　单元的划分

（a）大空间中不同的单元划分方式；（b）大开口的划分方式

（注：“①②③” 表示单元划分，即单元 1，单元 2，单元 3）

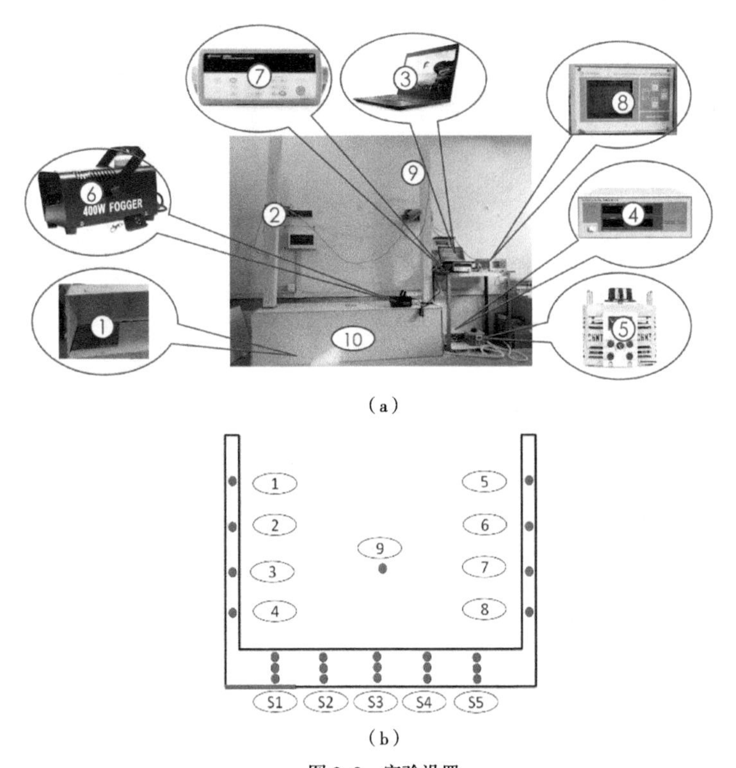

图 2-9　实验设置

（a）系统的配置；（b）感应器的安装位置图

1：局部热源；2：温度感应器；3：笔记本电脑；4：电流电压功率表；5：变压器；6：烟雾发生器；7：数据采集仪；8：多通道风速仪；9：流速探测器；10：防火板制作的建筑模型

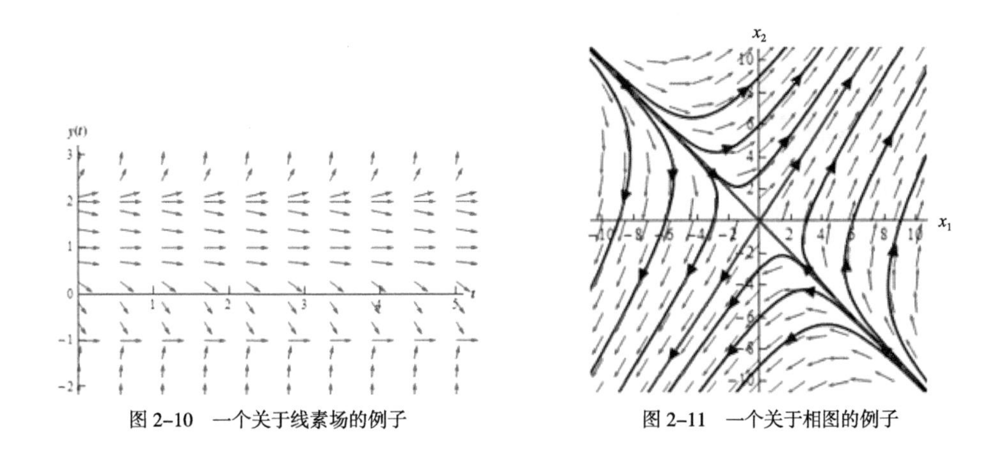

图 2-10　一个关于线素场的例子

图 2-11　一个关于相图的例子

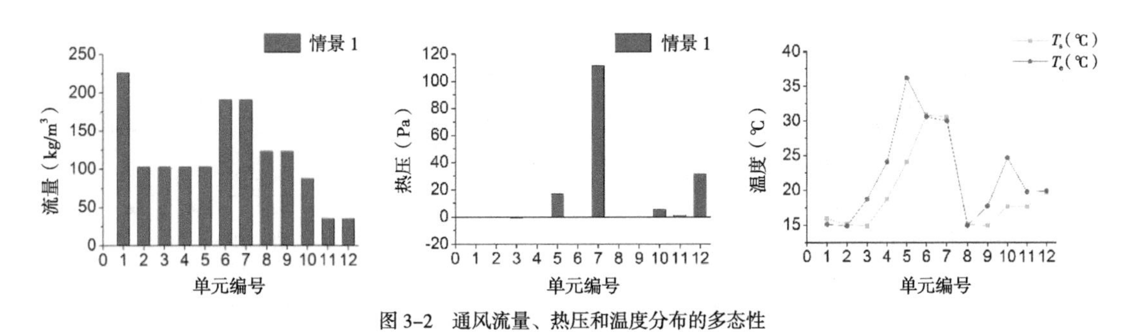

图 3-2　通风流量、热压和温度分布的多态性

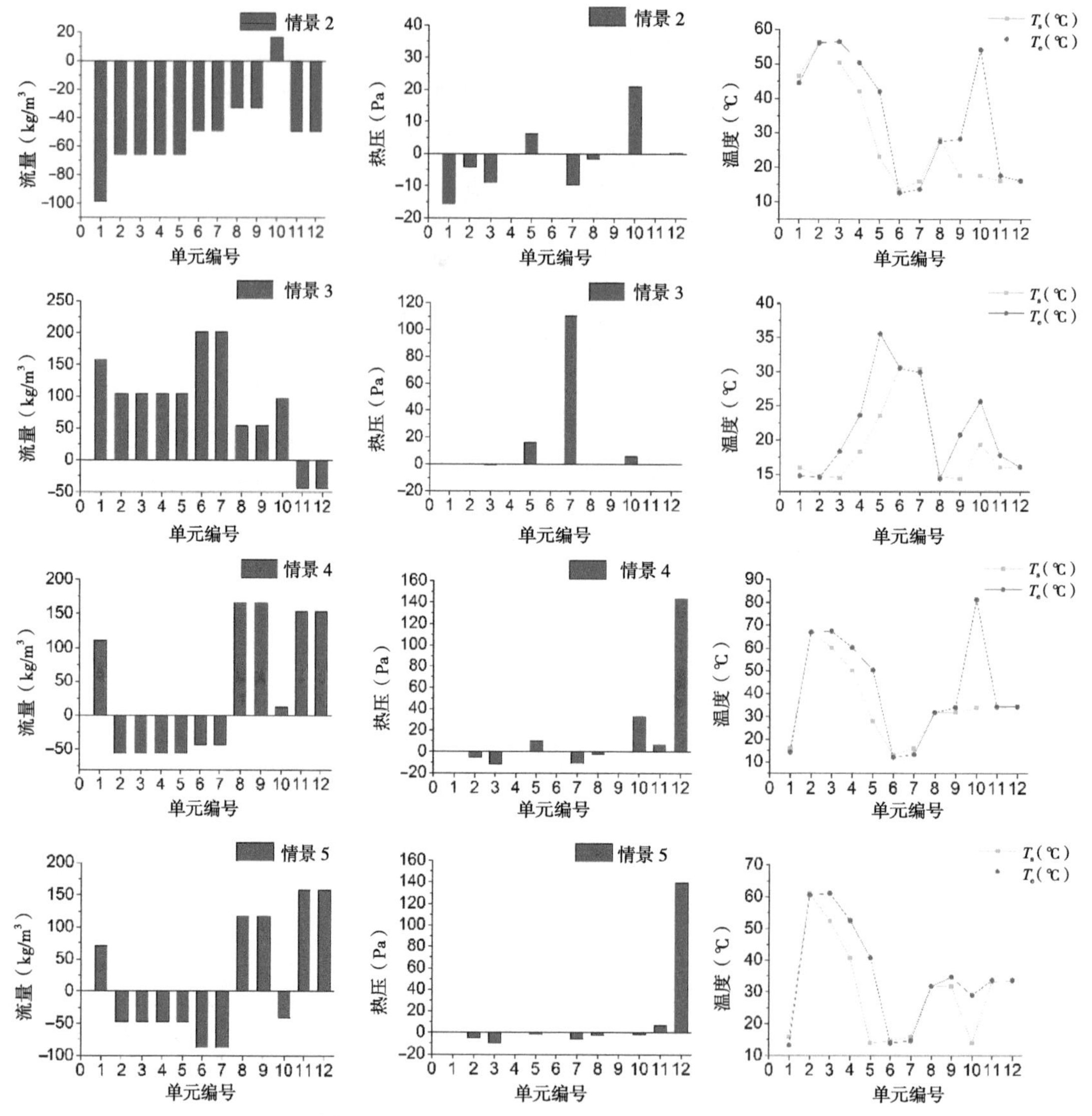

图 3-2　通风流量、热压和温度分布的多态性（续）

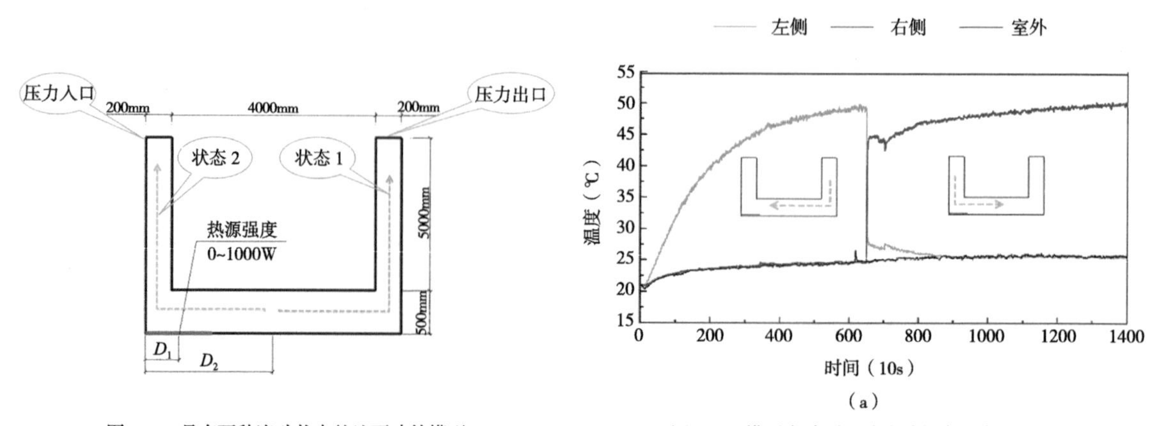

图 3-3　具有两种流动状态的地下建筑模型

图 3-6　模型实验下两种流动状态的发展过程

（a）进出口温度随时间的发展变化过程；

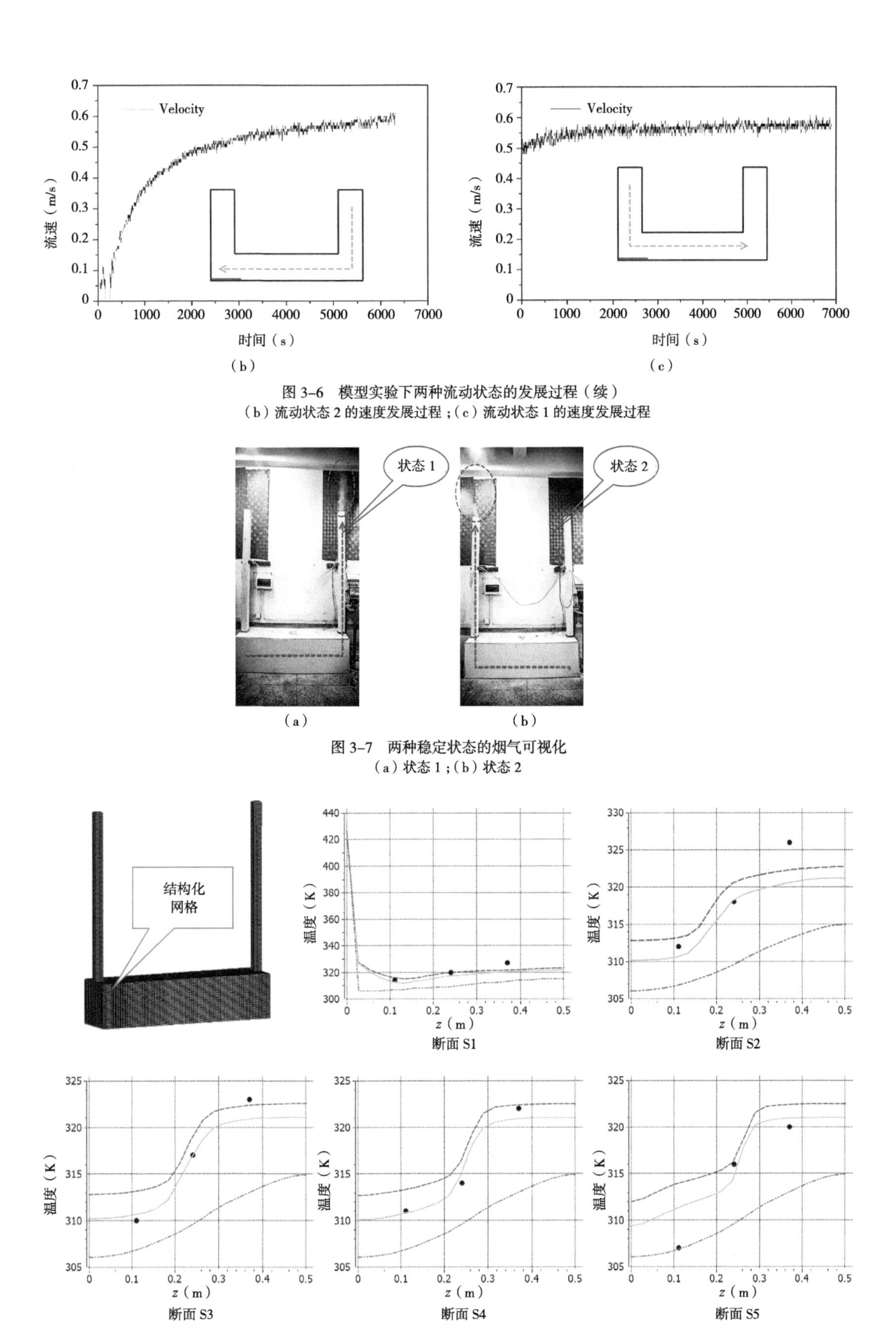

（b）　　（c）

图 3-6　模型实验下两种流动状态的发展过程（续）

（b）流动状态 2 的速度发展过程；（c）流动状态 1 的速度发展过程

（a）　　（b）

图 3-7　两种稳定状态的烟气可视化

（a）状态 1；（b）状态 2

图 3-8　标准的结构化网格图和不同湍流模型与实验结果的对比

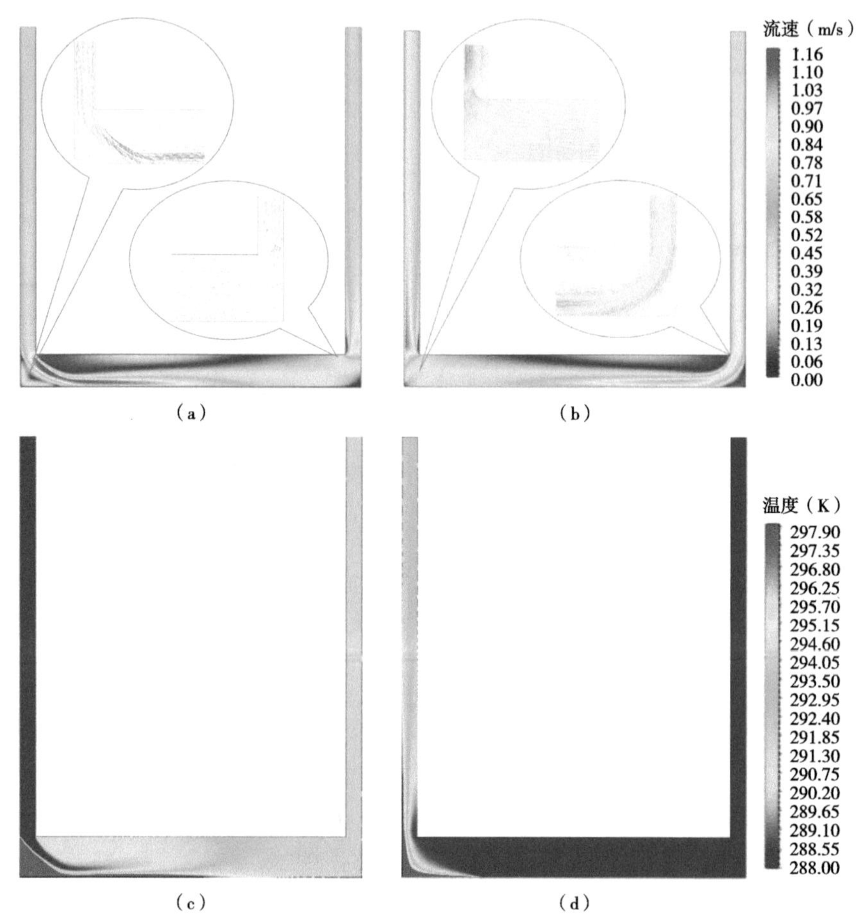

图 3-9　状态 1 与状态 2 的速度和温度云图
（a）状态 1 的速度云图；（b）状态 2 的速度云图；（c）状态 1 的温度云图；（d）状态 2 的温度云图

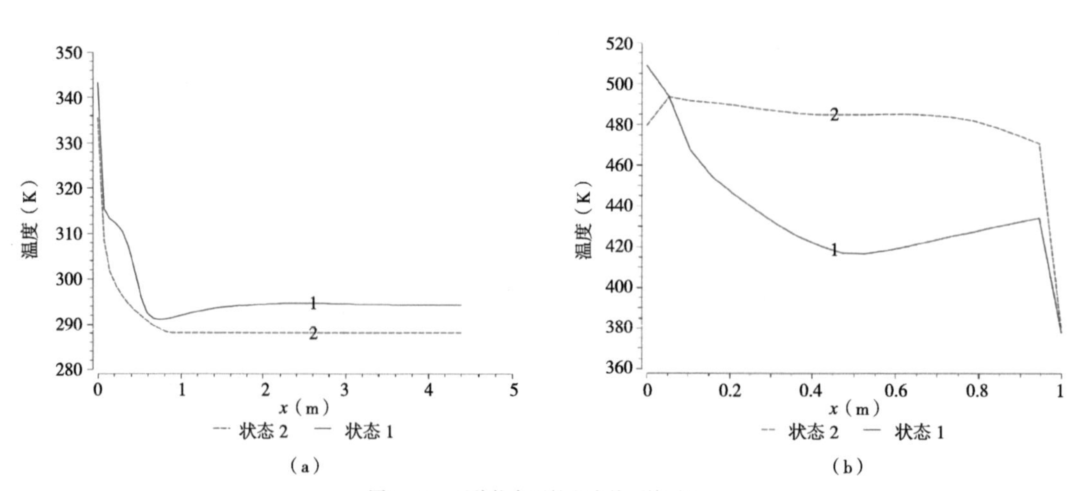

图 3-10　两种状态下的室内热环境对比
（a）两种状态下的 0.06m 高度处的温度分布对比；（b）两种状态下热源表面温度分布对比

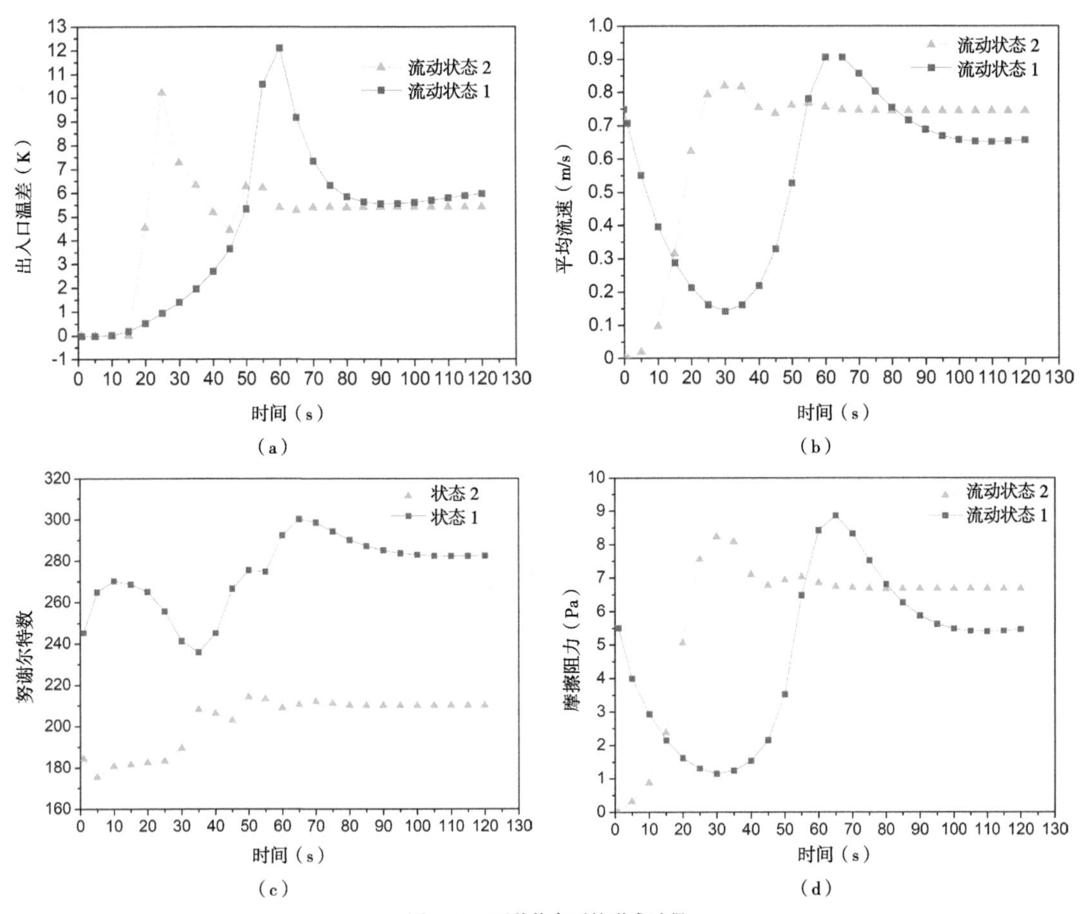

图 3-11 两种状态下的形成过程

（a）入出口温差的变化过程；（b）平均流速的变化过程；（c）努谢尔特数的变化过程；（d）壁面摩擦力的变化过程

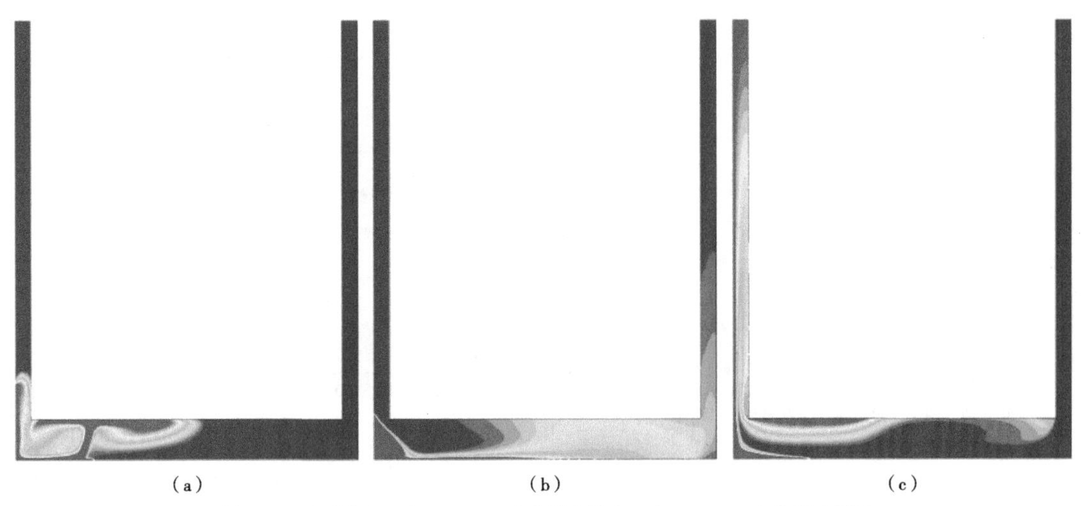

图 3-12 流动状态 1（b，d，f，h）和流动状态 2（a，c，e，g）的瞬态模拟

（a）10s 时速度云图（初始流速为 0.1m/s）；（b）10s 时速度云图（初始流速为 0.75m/s）；（c）30s 时速度云图（初始流速为 0.1m/s）

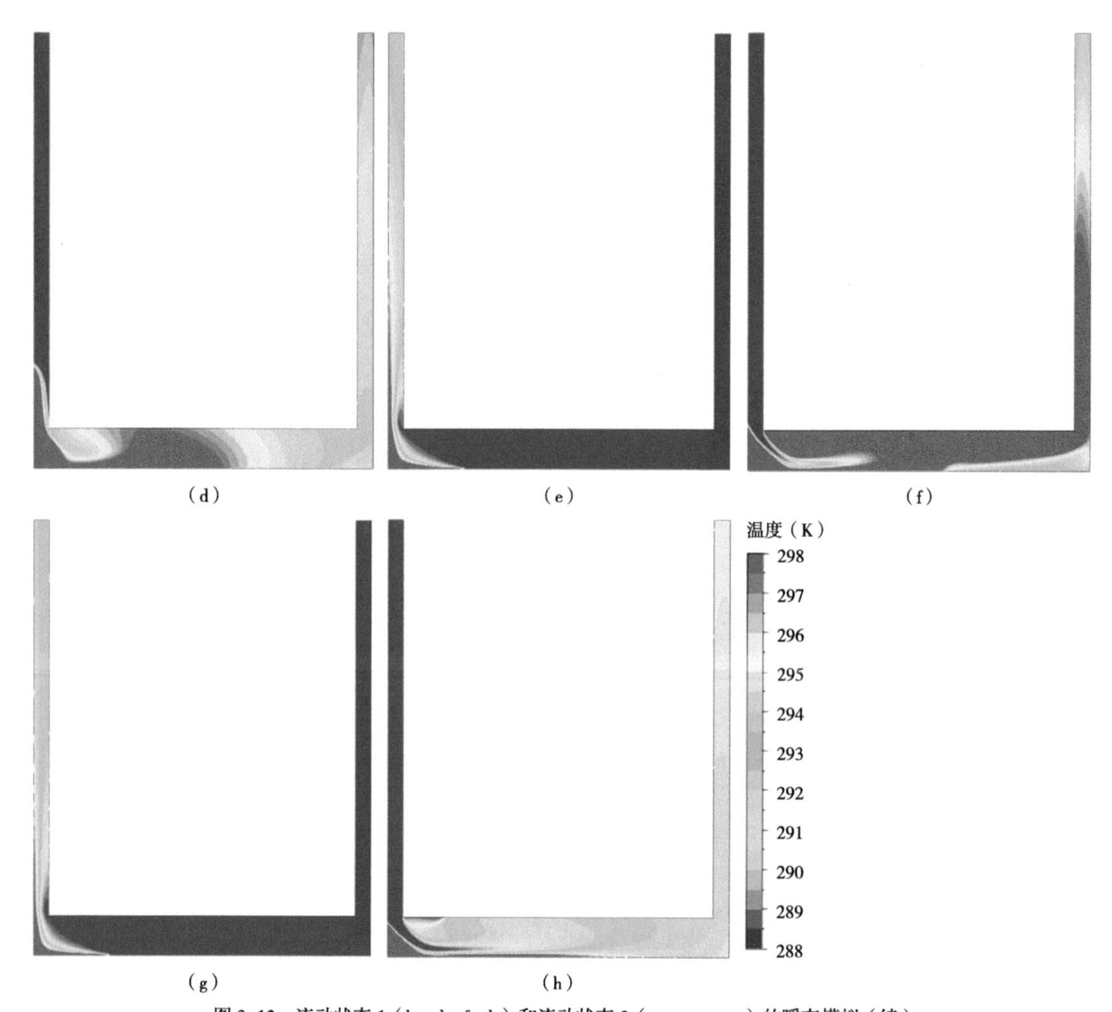

图 3-12　流动状态 1（b，d，f，h）和流动状态 2（a，c，e，g）的瞬态模拟（续）

（d）30s 时速度云图（初始流速为 0.75m/s）；（e）50s 时速度云图（初始流速为 0.1m/s）；（f）50s 时速度云图（初始流速为 0.75m/s）；（g）70s 时速度云图（初始流速为 0.1m/s）；（h）70s 时速度云图（初始流速为 0.75m/s）

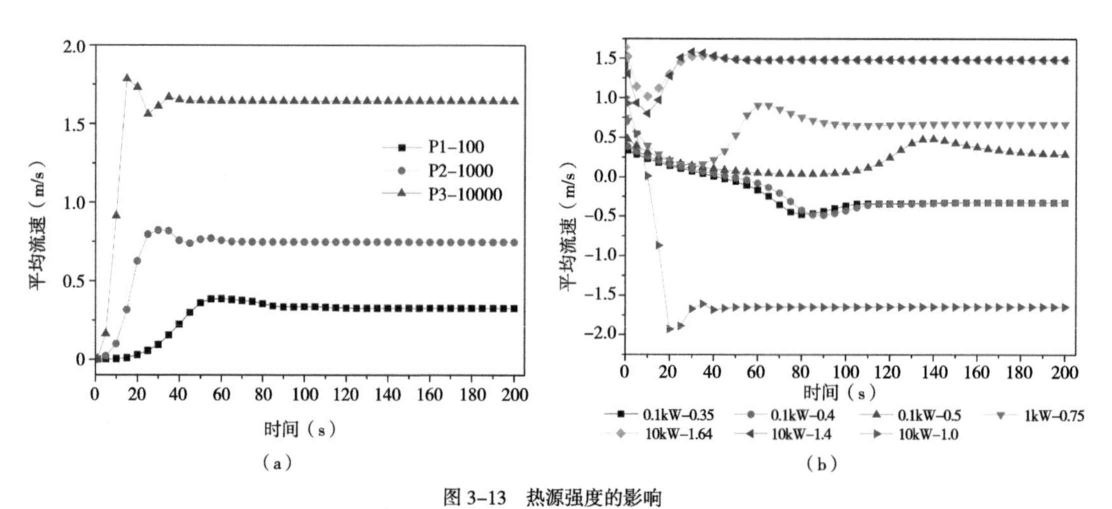

图 3-13　热源强度的影响

（a）初始流速为零时不同热源强度下流动的发展过程；（b）不同初始流速时不同热源强度下流动的发展过程

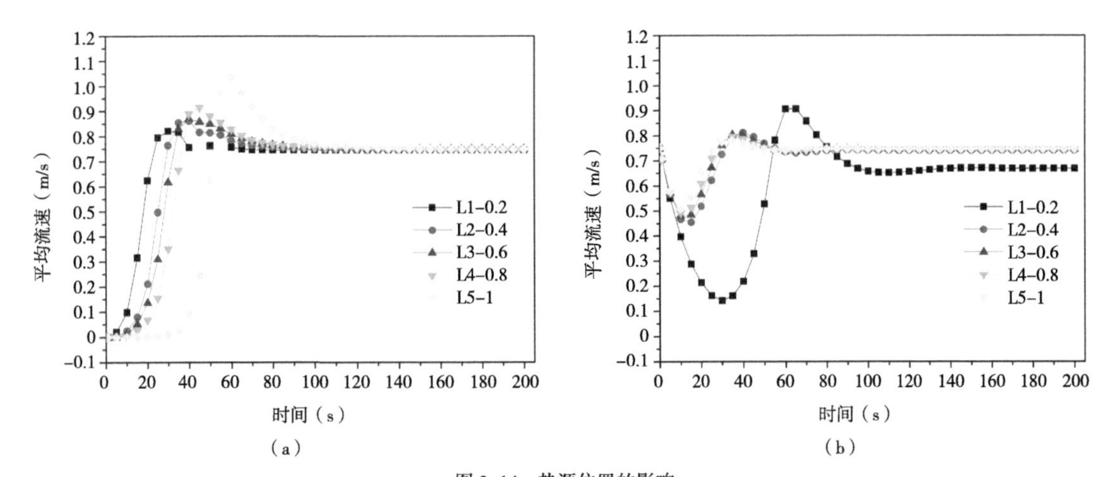

图 3-14　热源位置的影响

（a）不同热源位置对出流速度的发展过程的影响（状态 2）；（b）不同热源位置对出流速度的发展过程的影响（状态 1）

（注：以 L1-0.2 为例，L1 表示位置 1，0.2 表示距离比（d_1/d_2）为 0.2）

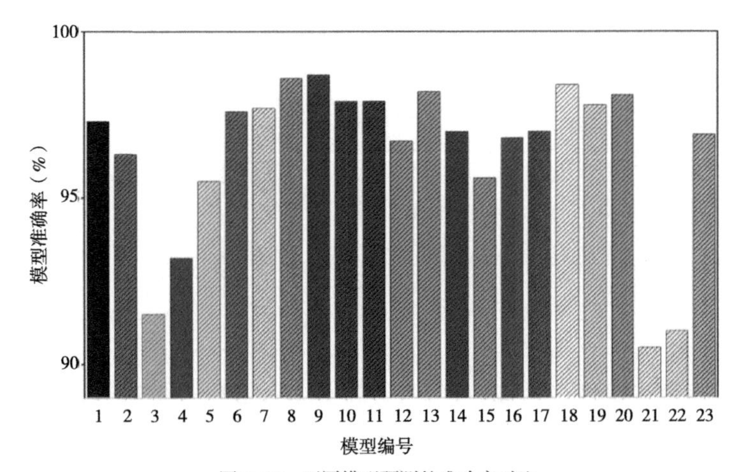

图 3-17　不同模型预测的准确率对比

1- 复杂决策树；2- 中等决策树；3- 简单决策树；4- 线性判别分析；5- 二次判别分析；6- 逻辑回归；7- 线性支持向量机；8- 二次支持向量机；9- 三次支持向量机；10- 精确高斯核支持向量机；11- 中等高斯核支持向量机；12- 粗略高斯核支持向量机；13- 精确 K 近邻；14- 中等 K 近邻；15- 粗略 K 近邻；16- 余弦 K 近邻；17- 三次 K 近邻；18- 加权 K 近邻；19- 增强树；20- 打包决策树；21- 子空间判别分析；22- 子空间 K 近邻；23-RUS 增强树

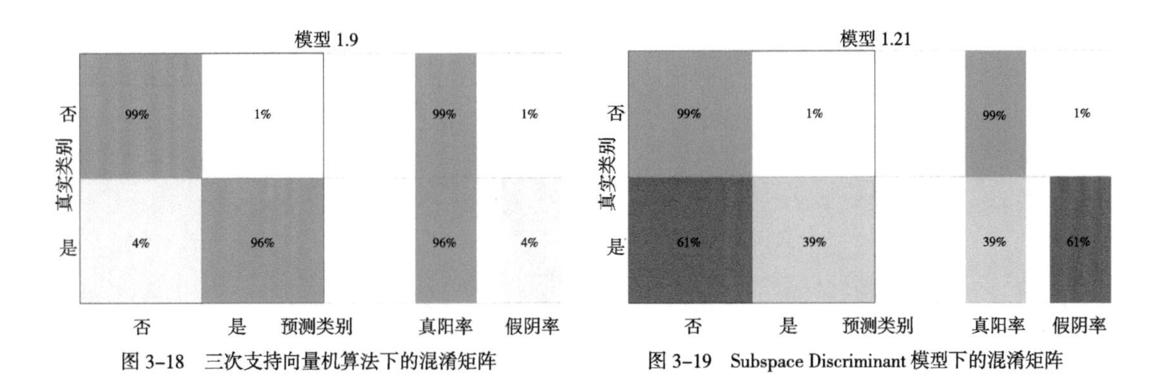

图 3-18　三次支持向量机算法下的混淆矩阵

图 3-19　Subspace Discriminant 模型下的混淆矩阵

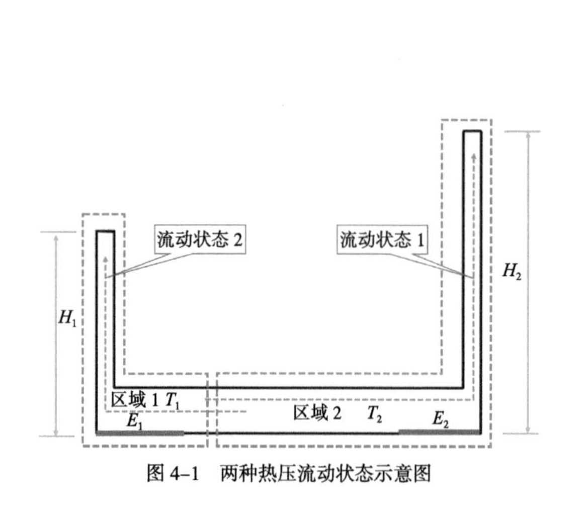

图 4-1 两种热压流动状态示意图

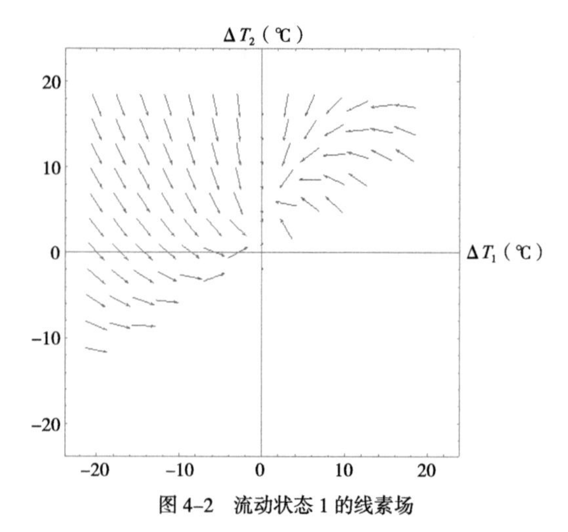

图 4-2 流动状态 1 的线素场

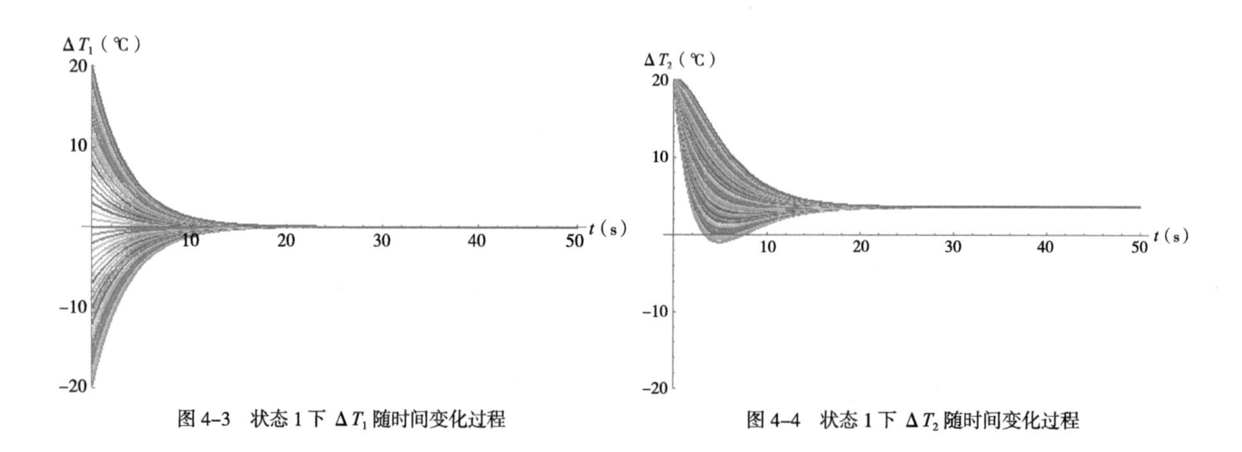

图 4-3 状态 1 下 ΔT_1 随时间变化过程

图 4-4 状态 1 下 ΔT_2 随时间变化过程

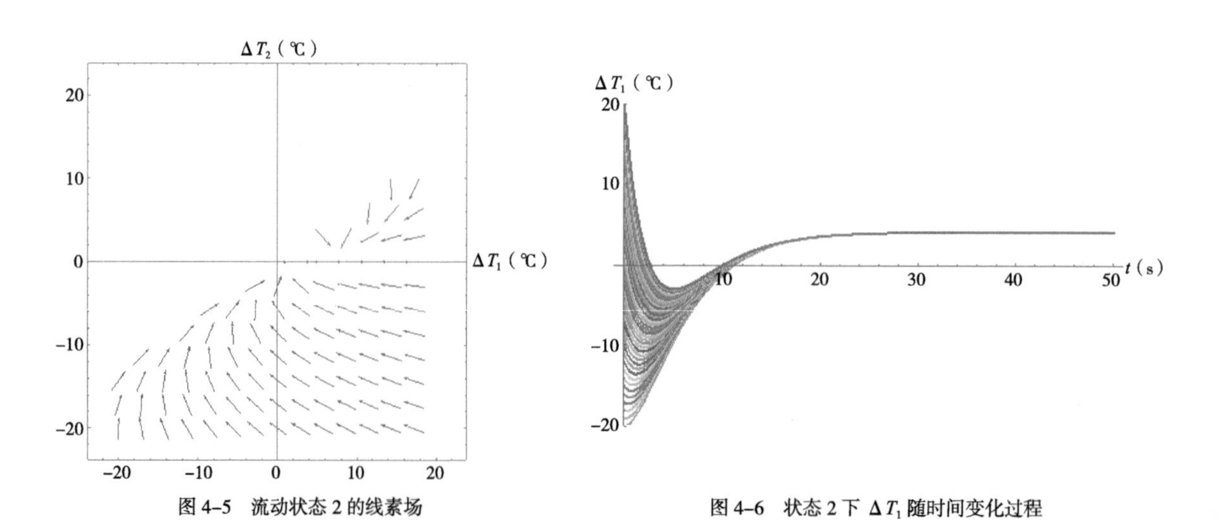

图 4-5 流动状态 2 的线素场

图 4-6 状态 2 下 ΔT_1 随时间变化过程

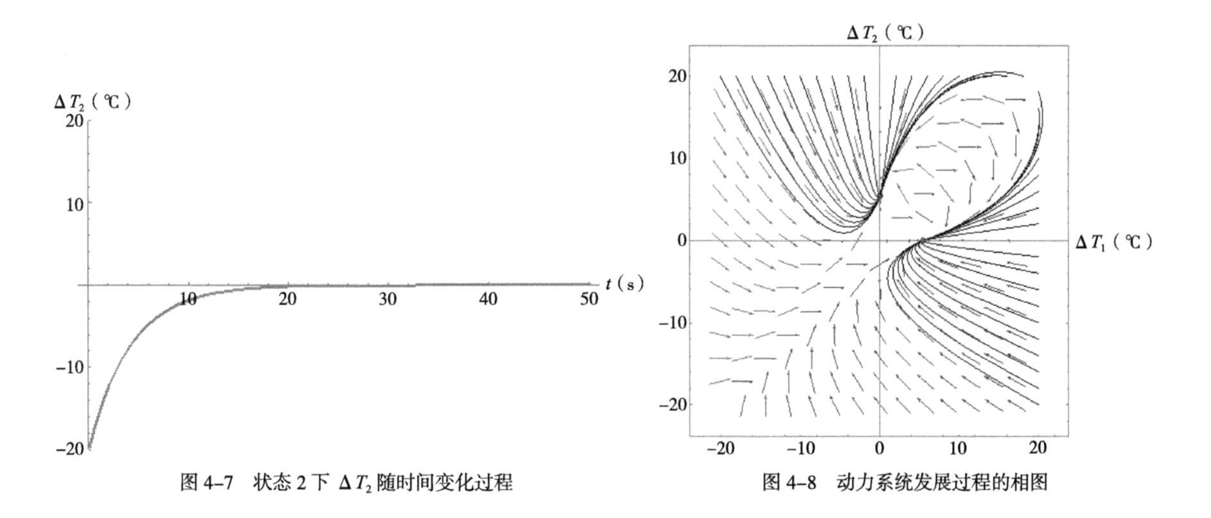

图 4-7 状态 2 下 ΔT_2 随时间变化过程　　图 4-8 动力系统发展过程的相图

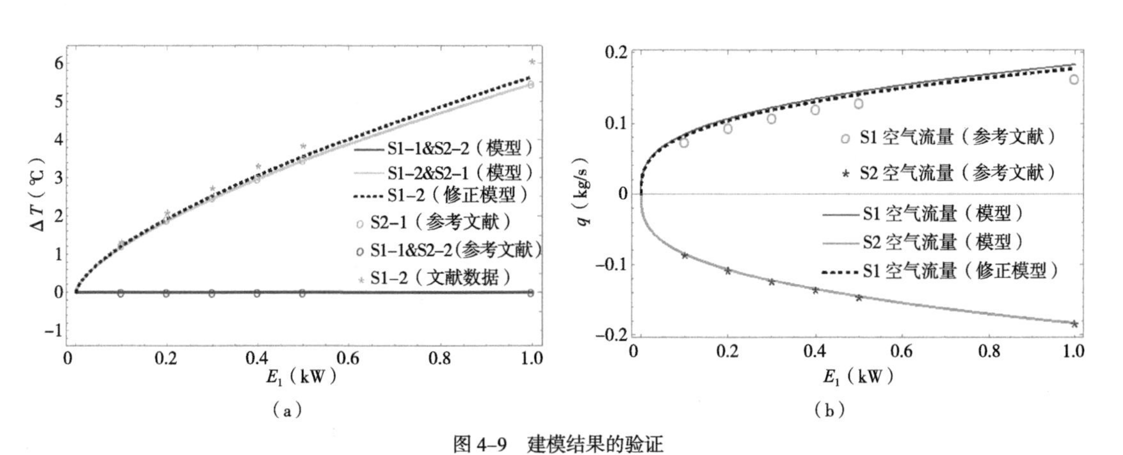

图 4-9 建模结果的验证

（a）两区域模型与前述 CFD 模拟结果的温度对比；（b）两区域模型与前述 CFD 模拟结果的质量流量对比

（S1 表示状态 1，-（1，2）表示区域编号）

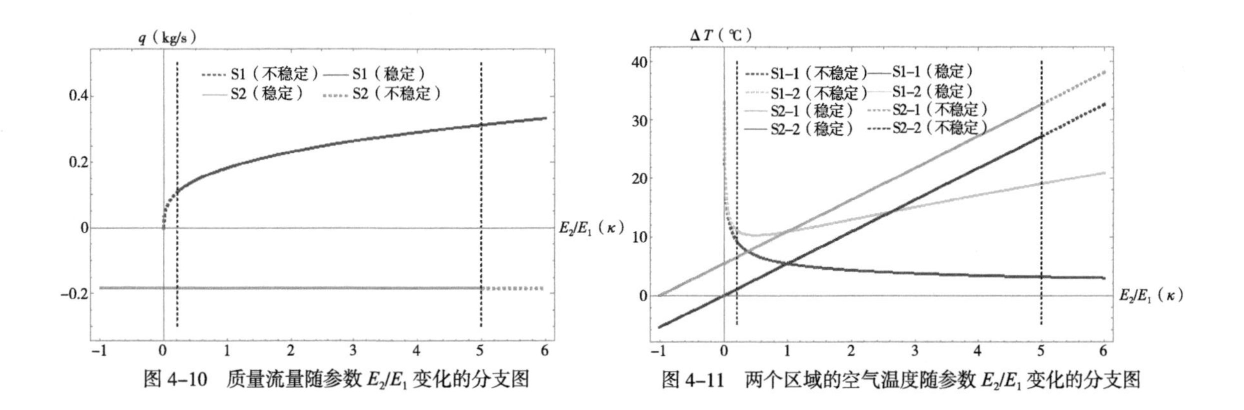

图 4-10 质量流量随参数 E_2/E_1 变化的分支图　　图 4-11 两个区域的空气温度随参数 E_2/E_1 变化的分支图

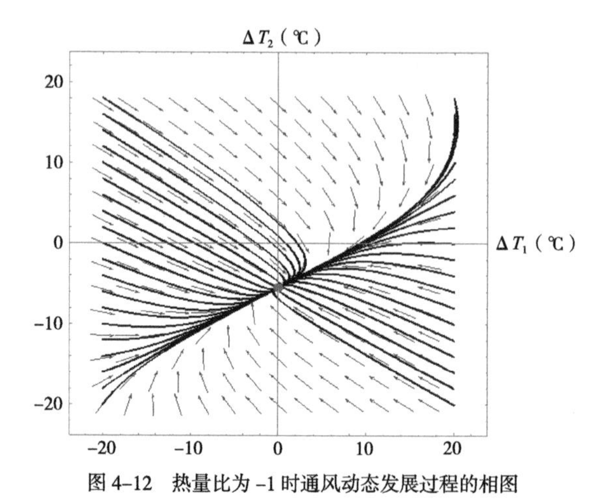

图 4-12 热量比为 -1 时通风动态发展过程的相图

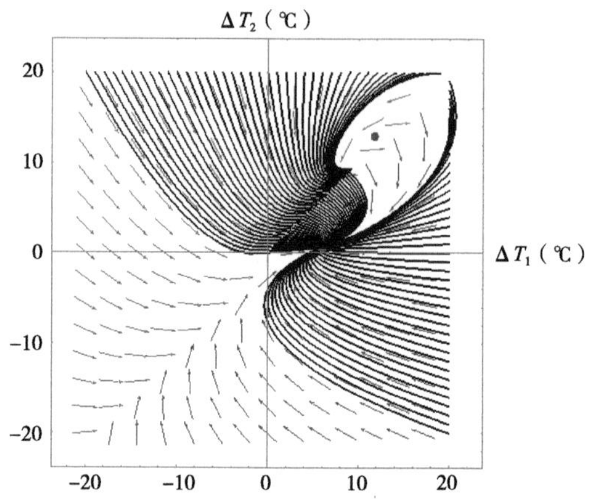

图 4-13 热量比为 0.1 时通风动态发展过程的相图

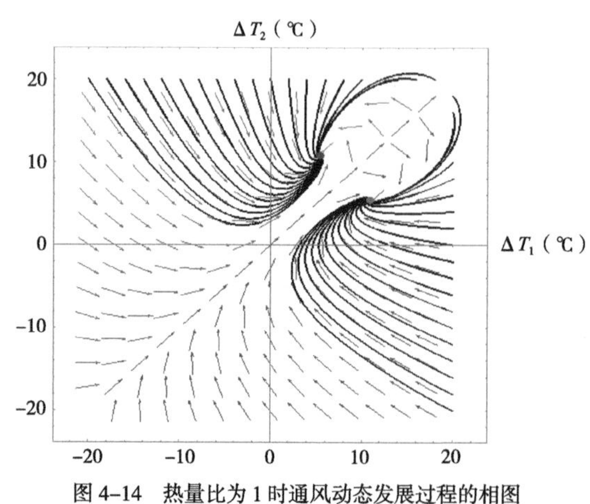

图 4-14 热量比为 1 时通风动态发展过程的相图

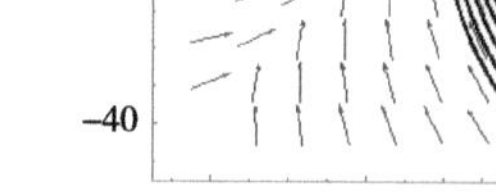

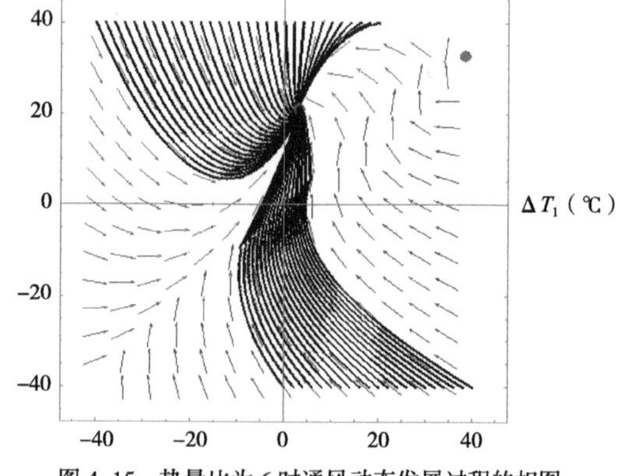

图 4-15 热量比为 6 时通风动态发展过程的相图

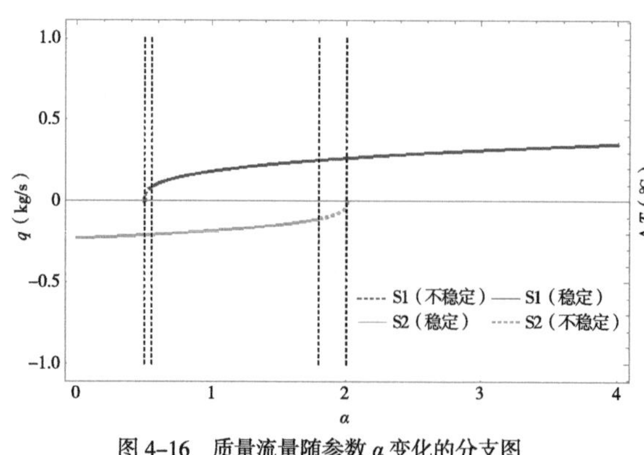

图 4-16 质量流量随参数 α 变化的分支图

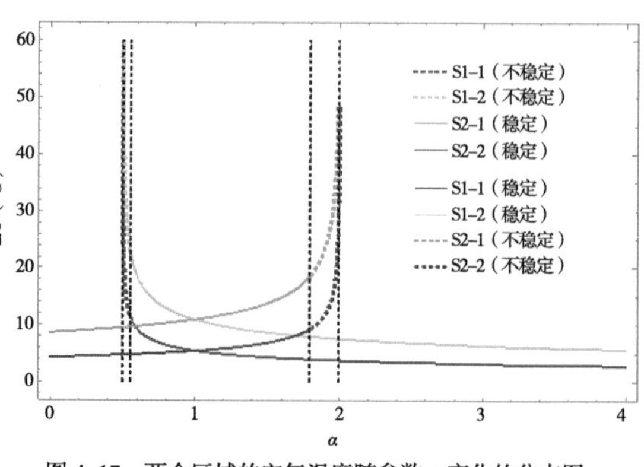

图 4-17 两个区域的空气温度随参数 α 变化的分支图

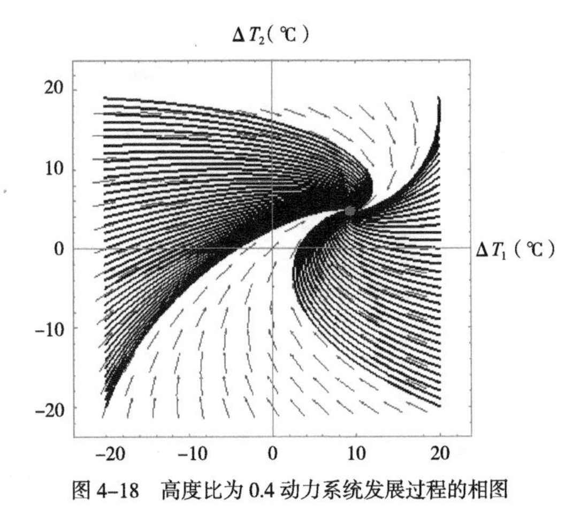

图 4-18　高度比为 0.4 动力系统发展过程的相图

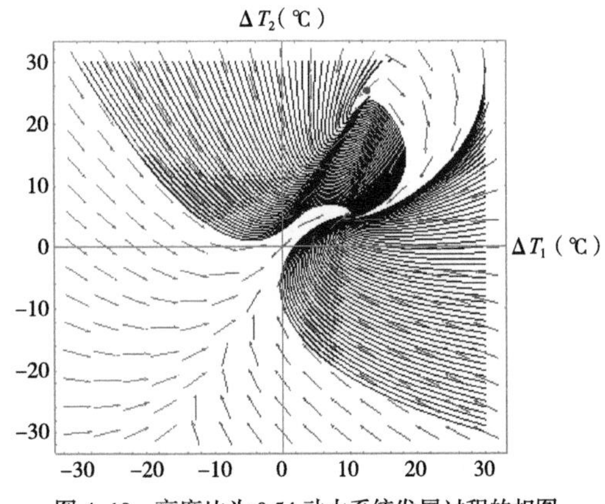

图 4-19　高度比为 0.54 动力系统发展过程的相图

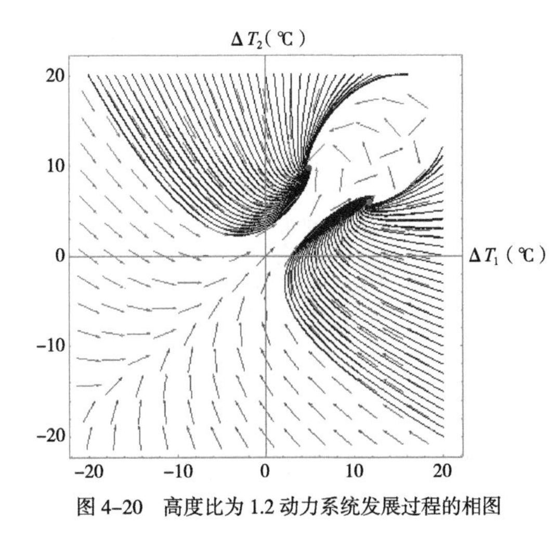

图 4-20　高度比为 1.2 动力系统发展过程的相图

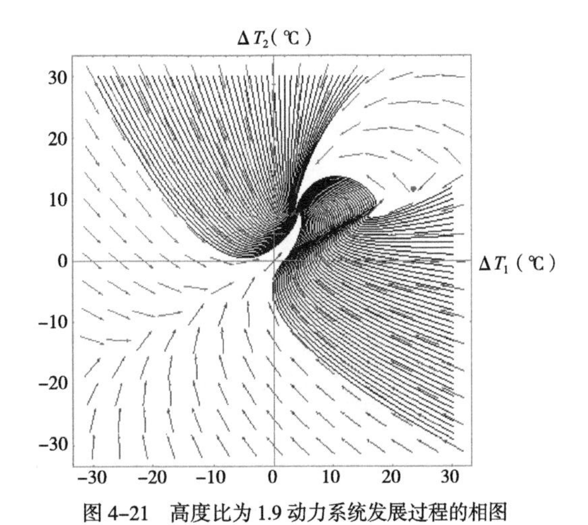

图 4-21　高度比为 1.9 动力系统发展过程的相图

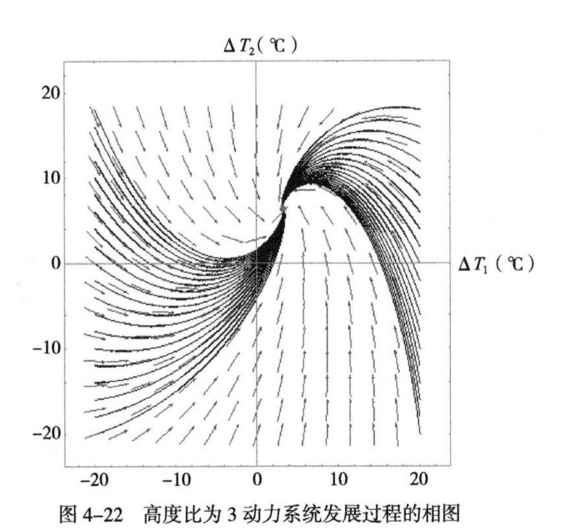

图 4-22　高度比为 3 动力系统发展过程的相图

图 4-23　地下建筑开口处

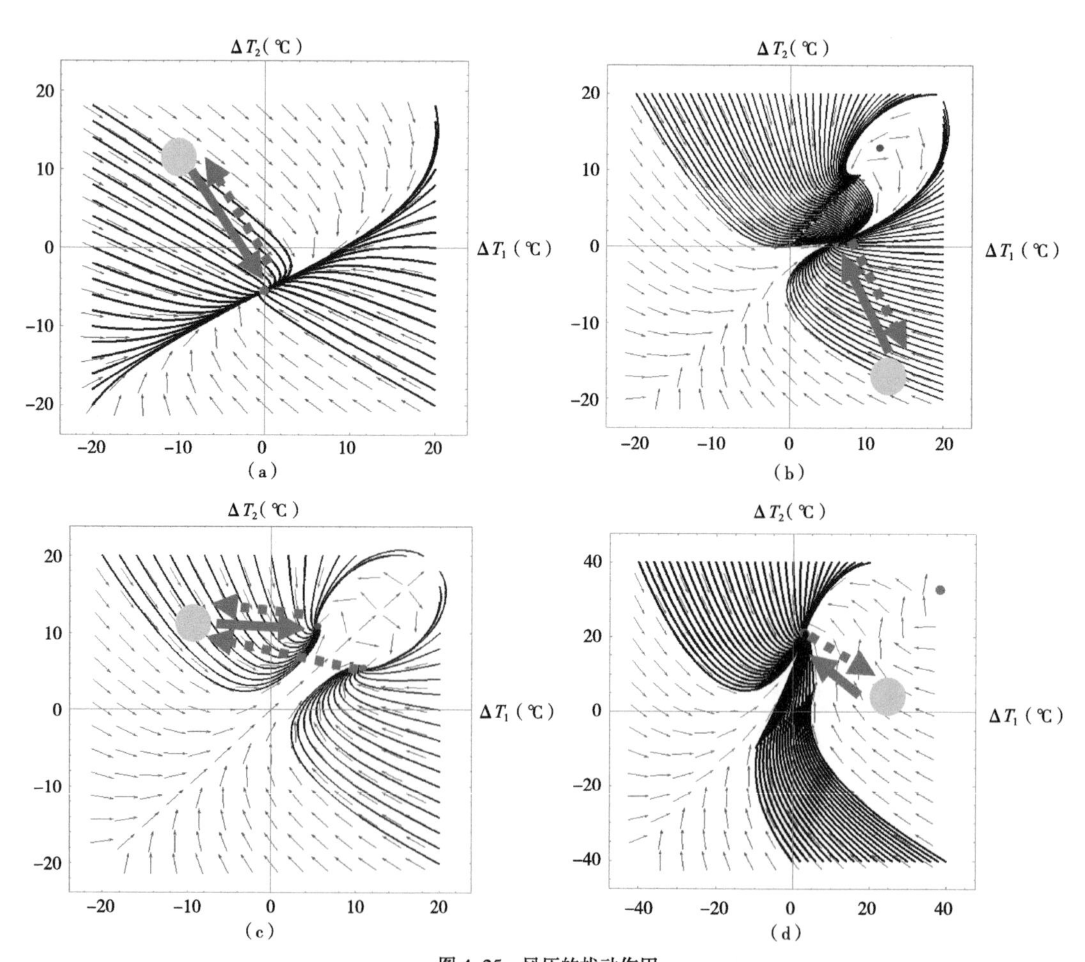

图 4-25　风压的扰动作用

（a）只有一种状态且稳定；（b）状态 1 不稳定，状态 2 稳定；（c）状态 1 和状态 2 都稳定；（d）状态 1 稳定，状态 2 不稳定

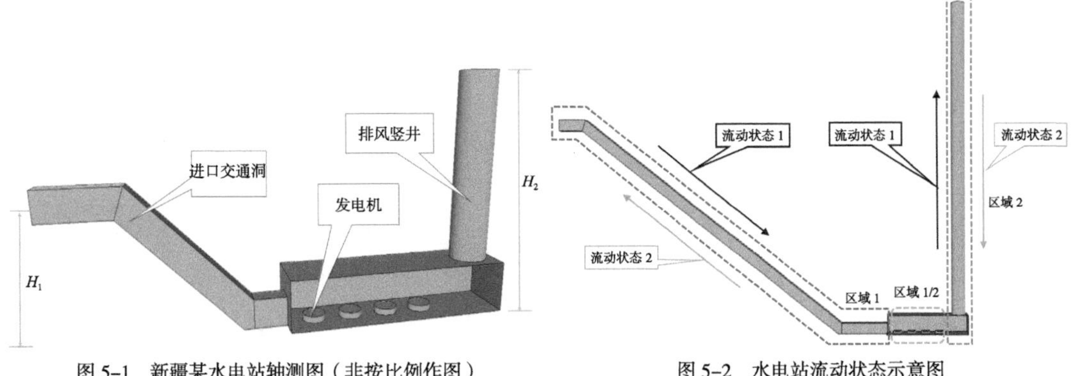

图 5-1　新疆某水电站轴测图（非按比例作图）

图 5-2　水电站流动状态示意图

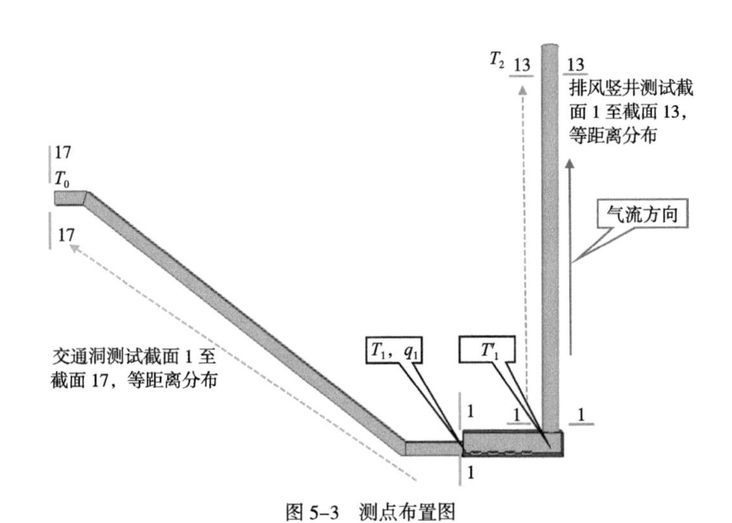

图 5-3　测点布置图

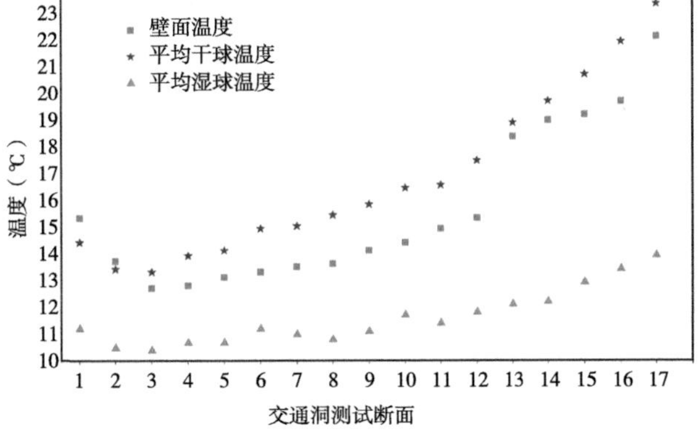

图 5-4　交通洞实测温度（测试时间为 1984 年 8 月 7 日 12：00~13：00）

来源：根据测试报告[201]绘制

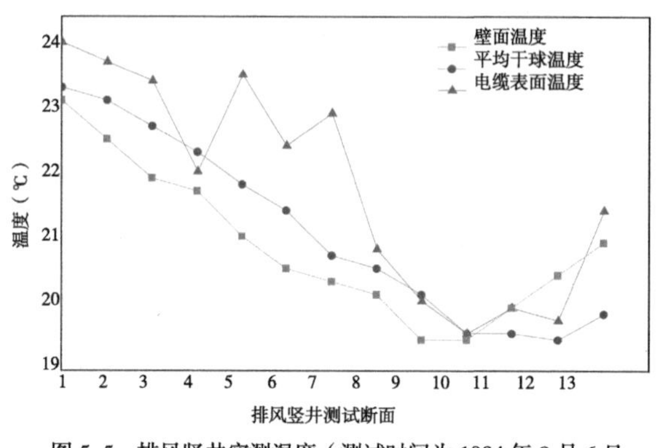

图 5-5　排风竖井实测温度（测试时间为 1984 年 8 月 6 日 18：00~20：00）

来源：根据测试报告[201]绘制

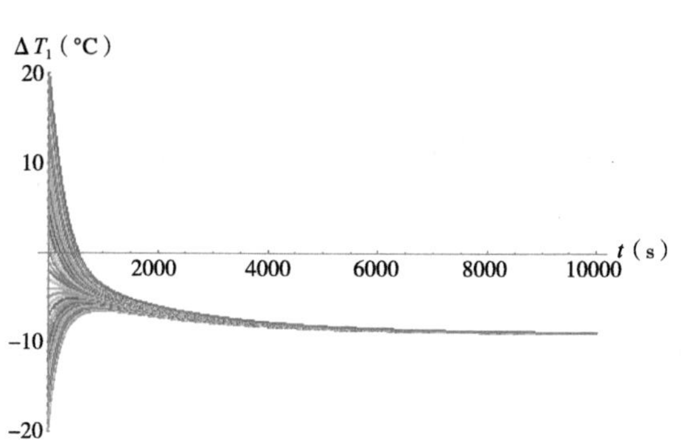

图 5-6　状态 1 下 ΔT_1 随时间变化过程

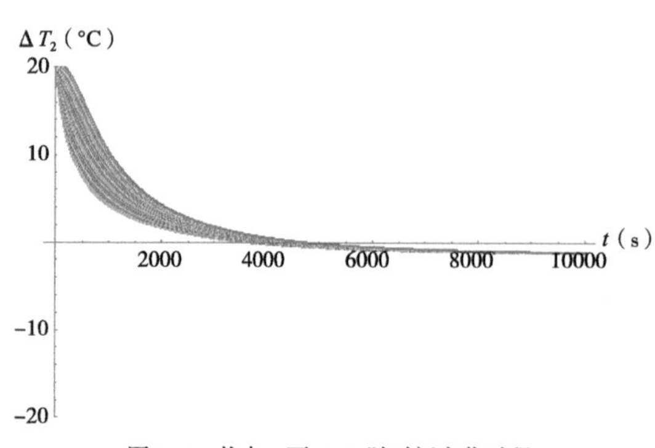

图 5-7　状态 1 下 ΔT_2 随时间变化过程

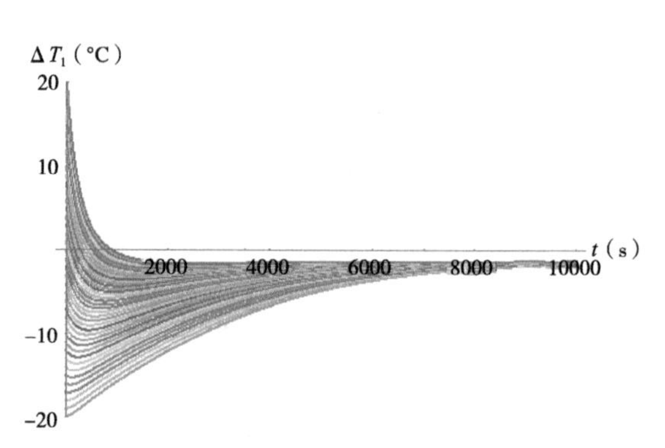

图 5-8　状态 2 下 ΔT_1 随时间变化过程

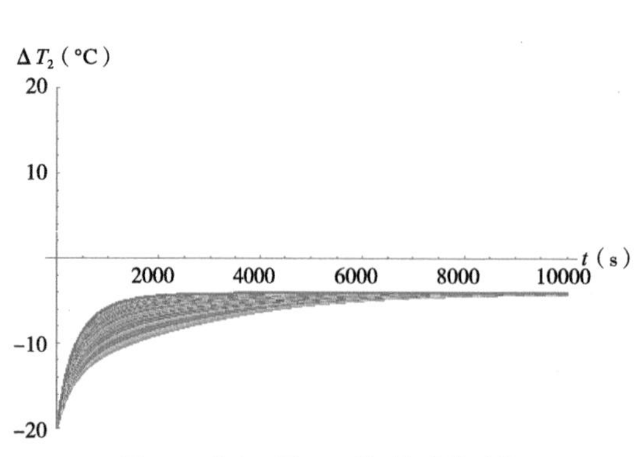

图 5-9　状态 2 下 ΔT_2 随时间变化过程

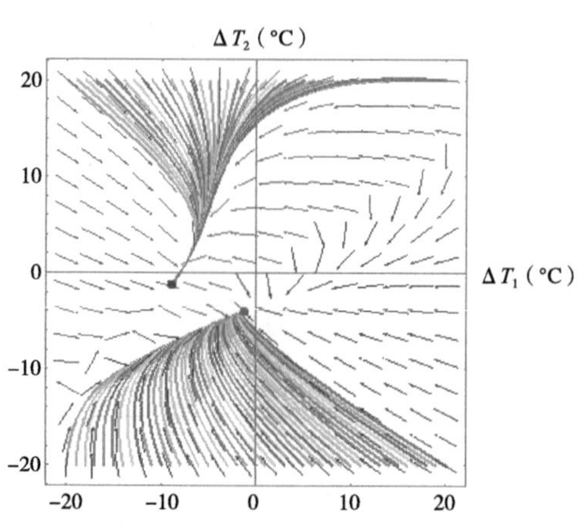

图 5-10　水电站热压通风的动态系统发展过程的相图